STARK

TRAINING

Gymnasium

Geometrie 10. Klasse

Magnus Semmelbauer

STARK

Autor:
Magnus Semmelbauer unterrichtete nach seinem ersten Staatsexamen an der Universität Regensburg (Jahr 2000) und seinem zweiten Staatsexamen (Jahr 2002) zunächst am Gymnasium Dingolfing.
In den Jahren 2008 bis 2013 führte er seine Tätigkeit als Fachlehrer für Mathematik zunächst am Gymnasium Parsberg und seit dem Jahr 2013 am Gymnasium Lappersdorf fort.

© 2019 Stark Verlag GmbH
www.stark-verlag.de
1. Auflage 2010

Inhalt

Autor: Magnus Semmelbauer

Vorwort

Liebe Schülerin, lieber Schüler,

mit diesem auf den Lehrplan abgestimmten Trainingsbuch kannst du den **gesam-ten Unterrichtsstoff** für die Geometrie in der **10. Klasse** selbstständig wieder-holen und dich optimal auf Klassenarbeiten bzw. Schulaufgaben vorbereiten.

- Wie du geschickt auch an schwierige Mathematik-Aufgaben herangehst, er-fährst du im Kapitel **Methoden**.

- In den weiteren Kapiteln werden alle **unterrichtsrelevanten Themen** auf-gegriffen und anhand von ausführlichen **Beispielen** veranschaulicht. **Klein-schrittige Hinweise** erklären dir die einzelnen Rechen- oder Denkschritte ge-nau. Die Zusammenfassungen der **zentralen Inhalte** sind außerdem in farbiger Schrift hervorgehoben.

- **Zahlreiche Übungsaufgaben** mit ansteigendem Schwierigkeitsgrad bieten dir die Möglichkeit, die verschiedenen Themen einzuüben. Hier kannst du über-prüfen, ob du den gelernten Stoff auch anwenden kannst. Komplexere Aufga-ben, bei denen du wahrscheinlich etwas mehr Zeit zum Lösen brauchen wirst, sind mit einem $*$ gekennzeichnet.

- Zu allen Aufgaben gibt es am Ende des Buches **vollständig vorgerechnete Lösungen** mit **ausführlichen Hinweisen**, die dir den Lösungsansatz und die jeweiligen Schwierigkeiten genau erläutern.

- Begriffe, die dir unklar sind, kannst du im **Grundwissen der 5. bis 10. Klasse** nachschlagen. Dort sind alle wichtigen Definitionen zusammengefasst, die du am Ende der 10. Klasse wissen musst.

Ich wünsche dir gute Fortschritte bei der Arbeit mit diesem Buch und viel Erfolg in der Mathematik!

Magnus Semmelbauer

So arbeitest du mit diesem Buch

Besonders effektiv kannst du mit diesem Buch **arbeiten**, wenn du dich an den folgenden Vorgehensweisen orientierst:

- Lies dir zunächst die **Methoden** zur Lösung von Mathematikaufgaben gründlich durch. Versuche dann, dich bei der Bearbeitung der Aufgaben an diese Schritte zu halten.

- Um den **Unterrichtsstoff zu trainieren**, hast du grundsätzlich zwei verschiedene Möglichkeiten:

  Methode 1:
  - Bearbeite zunächst den **Unterrichtsstoff mit den Beispielen**.
  - Löse anschließend selbstständig die **Übungsaufgaben** in der angegebenen Reihenfolge.
  - Schlage bei der **Bearbeitung der Aufgaben** erst dann in den Lösungen nach, wenn du mit einer Aufgabe wirklich fertig bist.
  - Solltest du mit einer Aufgabe gar nicht zurechtkommen, dann markiere sie und bearbeite sie mithilfe der Lösung.
  - Versuche, die Aufgabe nach ein paar Tagen noch einmal selbstständig zu lösen.

  Methode 2:
  - Beginne damit, einige **Übungsaufgaben in einem Kapitel zu lösen** und danach mit den angegebenen Lösungen zu vergleichen.
  - Wenn alle Aufgaben richtig sind, bearbeitest du die weiteren Aufgaben des Kapitels.
  - Bei Unsicherheiten oder Schwierigkeiten **wiederholst du die entsprechenden Inhalte** in den einzelnen Kapiteln.

- An die **komplexeren Aufgaben**, die du an dem $*$ erkennst, solltest du dich erst dann wagen, wenn du die übrigen Aufgaben gut lösen konntest. Lass dich jedoch nicht entmutigen, wenn du bei diesen schwierigen Aufgaben nicht sofort auf eine Lösung kommst.

- Stolperst du in den einzelnen Kapiteln oder den Lösungen über Begriffe, die dir unklar sind, kannst du diese im **Grundwissen der 5. bis 10. Klasse** nachschlagen. Ebenfalls kannst du damit am Ende der 10. Klasse noch einmal alle wichtigen Definitionen wiederholen.

Methoden

Generell erweist es sich bei jeder mathematischen Aufgabe als geschickt, mit **Farbe** in der Aufgabe das zu **unterstreichen**, was **gegeben** ist, und sich darüber bewusst zu werden, was gesucht ist. Hierbei stößt man auf **wichtige Schlüsselwörter**, über deren Bedeutung man sich vor der Bearbeitung der Aufgabe kundig machen sollte. Hierbei hilft es oft, sich mit den entsprechenden Seiten des Grundwissens zu beschäftigen.

In diesem Buch werden zwei grundsätzlich verschiedene Themenbereiche (Funktionen; Figuren/Körper) behandelt, für die jeweils die folgenden drei Schritte ausführlich an einem Beispiel dargestellt werden sollen:

Schritt 1: Aufgabe erfassen und Grundlagen klären (Was ist gegeben? Was ist gesucht? Vorwissen klären)

Schritt 2: Ansatz und Lösung

Schritt 3: Ergebnis kontrollieren und formulieren

1 Themenbereich Funktionen

Beispiel

Berechne die Nullstellen der Funktion $f(x) = -\frac{3}{5}\cos\left(\frac{\pi}{3}x\right)$.

Schritt 1: Aufgabe erfassen und Grundlagen klären
Was ist gegeben? Was ist gesucht? Vorwissen klären!

Gegeben ist der Funktionsterm einer trigonometrischen Kosinusfunktion. Gesucht sind die Nullstellen dieser Funktion.

Vorwissen:
- Eine **Funktion** ist eine Zuordnung, die jedem x-Wert der Definitionsmenge (hier die Menge der reellen Zahlen $\mathbb{R}$) einen Funktionswert (hier $-\frac{3}{5}\cos\left(\frac{\pi}{3}x\right)$ oder kurz f(x)) zuweist. Eine Zuordnung kann durch eine Wertetabelle (Taschenrechner) oder einen Graph in einem Koordinatensystem veranschaulicht werden.

- Die **cos-Funktion** ist eine trigonometrische Funktion, die insbesondere periodisch ist und deren Graph die gezeichnete Gestalt hat:

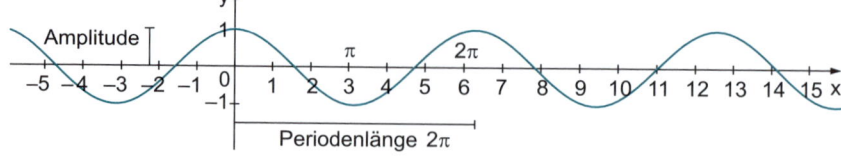

Der Graph der vorliegenden Funktion $f(x) = -\frac{3}{5}\cos\left(\frac{\pi}{3}x\right)$ ist im Vergleich zum Graphen der cos-Funktion in y-Richtung gestaucht, an der x-Achse gespiegelt und in x-Richtung gestaucht mit der Periodenlänge $\left|\frac{2\pi}{\frac{\pi}{3}}\right|$ (für $f : x \mapsto \cos(b \cdot x)$ gilt die Periodenlänge $\left|\frac{2\pi}{b}\right|$).

- Die **Nullstellen** einer Funktion sind die Schnittpunkte des Funktionsgraphen mit der x-Achse. Rechnerisch lassen sich diese mithilfe des Ansatzes $f(x) = 0$ bestimmen, wobei dann die Gleichung nach der Unbekannten x aufgelöst werden muss. Für das Auflösen einer Gleichung sind folgende Kenntnisse hilfreich: Äquivalenzumformungen, Umkehrfunktionen, evtl. Lösungsverfahren für quadratische Gleichungen. Es kann keine, eine oder auch mehrere Nullstellen geben. Liegt dem Graph eine Periodizität zugrunde, dann gibt es sogar unendlich viele Nullstellen.

Schritt 2: Ansatz und Lösung

Wenn man sich nur einen Überblick verschaffen möchte, dann kann man den Funktionsterm einfach in den Taschenrechner eingeben. Möglicherweise ergeben sich ja schon zufällig Nullstellen. Aber Vorsicht: Dies müssen erstens nicht alle Nullstellen sein und zweitens ist es möglich, dass der Taschenrechner nur mit Näherungen arbeitet.

Der Taschenrechner liefert für den Funktionsterm $f(x) = -\frac{3}{5}\cos\left(\frac{\pi}{3}x\right)$ im Wertebereich von -10 bis $+10$ und mit dem Schrittintervall 1 die folgende Tabelle:

x	−10	−9	−8	−7	−6	−5	−4	−3	−2	−1	0
f(x)	0,3	0,6	0,3	−0,3	−0,6	−0,3	0,3	0,6	0,3	−0,3	−0,6

x	1	2	3	4	5	6	7	8	9	10
f(x)	−0,3	0,3	0,6	0,3	−0,3	−0,6	−0,3	0,3	0,6	0,3

Offensichtlich ist diese Tabelle wenig informativ.

Verändert man geschickt auf einen Wertebereich von −5 bis +5 und auf das Schrittintervall 0,5, so erhält man die folgende Tabelle:

x	−5	−4,5	−4	−3,5	−3	−2,5
f(x)	−0,3	0	0,3	0,519615	0,6	0,519615

x	−2	−1,5	−1	−0,5	0	0,5
f(x)	0,3	0	−0,3	−0,519615	−0,6	−0,519615

x	1	1,5	2	2,5	3	3,5
f(x)	−0,3	0	0,3	0,519615	0,6	0,519615

x	4	4,5	5
f(x)	0,3	0	−0,3

Hierbei liegt der Verdacht nahe, dass es sich bei $x=-4{,}5$, $x=-1{,}5$, $x=1{,}5$ und $x=4{,}5$ um Nullstellen handelt. Alle weiteren Nullstellen müssten nun basierend auf der Periodizität der trigonometrischen Funktion logisch erschlossen werden. Es gibt unendlich viele Nullstellen:
$x_n = 1{,}5 + 3n$, wobei $n \in \mathbb{Z}$
Dieses Vorgehen unter Zuhilfenahme des Taschenrechners ist aber weder zuverlässig noch garantiert es die exakte Lösung.

Deswegen stellt man für die Bestimmung der Nullstellen den **mathematischen Gleichungsansatz** $f(x)=0$ auf und löst diese Gleichung im Folgenden schrittweise nach x auf:

$$f(x)=0$$

$-\frac{3}{5}\cos\left(\frac{\pi}{3}x\right)=0 \qquad \Big|:\left(-\frac{3}{5}\right)$ Bei dieser Äquivalenzumformung ist darauf zu achten, dass die Division auf beiden Seiten der Gleichung auszuführen ist.

$\cos\left(\frac{\pi}{3}x\right)=0 \qquad \Big|:\cos^{-1}$ Die Umkehrfunktion muss ebenfalls auf die kompletten Terme beider Seiten angewandt werden.

$\cos^{-1}\left(\cos\left(\frac{\pi}{3}x\right)\right)=\cos^{-1}(0)$

$\frac{\pi}{3}x=\cos^{-1}(0)$ Während sich die linke Seite nun eindeutig bestimmen lässt, liefert zwar der Taschenrechner für $\cos^{-1}(0)$ den Wert $\frac{\pi}{2}$, da aber für alle ungeraden ganzen Zahlen n der Kosinus $\cos\left(n\cdot\frac{\pi}{2}\right)=0$ ist, gibt es für $\cos^{-1}(0)$ unendlich viele Lösungen.

Folglich ergibt sich:
$\frac{\pi}{3}x = n\cdot\frac{\pi}{2}$,
wobei n eine ungerade ganze Zahl ist.
Nach der Äquivalenzumformung $(:\frac{\pi}{3})$ erhält man schließlich:
$x = n\cdot\frac{\pi}{2}:\frac{\pi}{3}$
$\quad = n\cdot\frac{\pi}{2}\cdot\frac{3}{\pi}$
$\quad = n\cdot\frac{3}{2}$
$\quad = 1{,}5n$,
wobei n eine ungerade ganze Zahl ist, d. h. $n = 2k-1$ mit $k \in \mathbb{Z}$.

Schritt 3: Ergebnis kontrollieren und formulieren

Mithilfe der Wertetabelle lässt sich der Graph der Funktion $f(x)=-\frac{3}{5}\cos\left(\frac{\pi}{3}x\right)$ zeichnen:

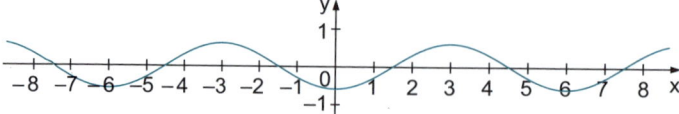

Da die Periodenlänge $\left|\frac{2\pi}{\frac{\pi}{3}}\right| = 6$ beträgt, wiederholen sich also die Nullstellen jeweils nach 3 Längeneinheiten. Auch dies lässt sich näherungsweise am Graph ablesen. Die unendlich vielen Nullstellen lassen sich allgemein mithilfe eines Parameters k angeben.

Nullstellen:

$$x_k = 1{,}5 \cdot (2k-1),\ k \in \mathbb{Z}$$

Beispielsweise gilt:

$$x_{-2} = 1{,}5 \cdot (2 \cdot (-2)-1) = -7{,}5$$
$$x_{-1} = 1{,}5 \cdot (2 \cdot (-1)-1) = -4{,}5$$
$$x_0 = 1{,}5 \cdot (2 \cdot 0-1) = -1{,}5$$
$$x_1 = 1{,}5 \cdot (2 \cdot 1-1) = 1{,}5$$
$$x_2 = 1{,}5 \cdot (2 \cdot 2-1) = 4{,}5$$
$$x_3 = 1{,}5 \cdot (2 \cdot 3-1) = 7{,}5$$

2 Themenbereich Figuren/Körper

Beispiel Berechne den Umfang und den Flächeninhalt der abgebildeten Figur.

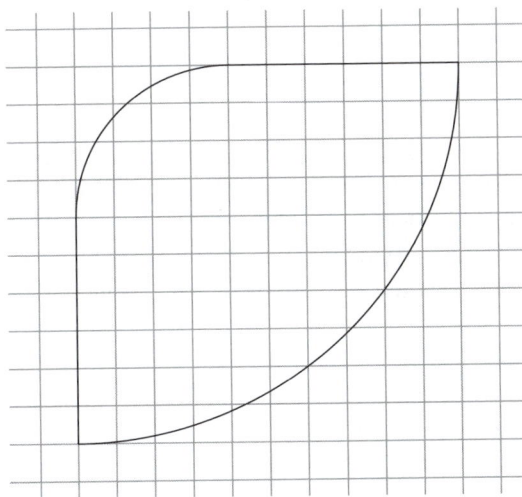

Schritt 1: Aufgabe erfassen und Grundlagen klären
Was ist gegeben? Was ist gesucht? Vorwissen klären!

Gegeben ist eine Kreisbogenfigur, deren Längen auf dem 0,5 cm karierten Papier abgelesen werden können. Die Mittelpunkte der Kreisbögen sind nicht eingezeichnet.

Gesucht sind der Umfang und der Flächeninhalt der Figur.

Vorwissen:

- Kreisbogenfiguren müssen durch geschicktes Zerlegen oder Ergänzen in berechenbare Teilfiguren zerlegt werden.

- Wichtige Formeln für die **Berechnung** einer **Fläche**:

Dreieck: $\frac{1}{2}g \cdot h$

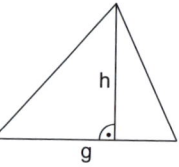

Trapez: $\frac{a+c}{2} \cdot h$

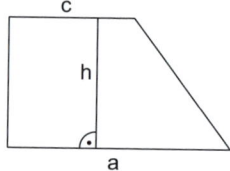

Quadrat: a^2

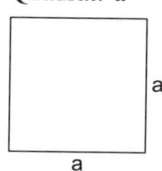

Rechteck: $a \cdot b$

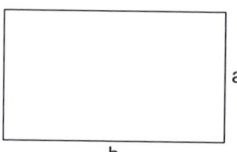

Kreis: $r^2\pi$

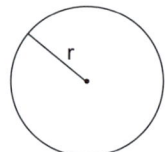

Kreissektor: $\frac{\mu}{360°} \cdot r^2\pi$

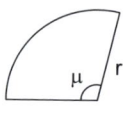

- **Symmetrie:** Eine Figur kann achsensymmetrisch oder punktsymmetrisch sein. Durch das Zeichnen z. B. einer geeigneten Symmetrieachse können die Berechnungen durch Hinzunahme eines Faktors verkürzt werden.

- Der **Umfang** einer Figur ist die Länge der Randlinie, die die Figur begrenzt. Der Umfang eines Kreises berechnet sich mit $U = 2r\pi$ und entsprechend gilt für Kreisbögen:

Halbkreis: $\quad \frac{1}{2} \cdot 2r\pi = r\pi$

Viertelkreis: $\quad \frac{1}{4} \cdot 2r\pi = \frac{1}{2}r\pi$

Allgemein gilt für einen zugehörigen Mittelpunktswinkel μ:

$$\frac{\mu}{360°} \cdot 2r\pi = \frac{\mu}{180°} \cdot r\pi$$

Schritt 2: Ansatz und Lösung

Berechnung des Umfangs der Kreisbogenfigur

Bevor man mit dem Rechnen beginnt, sollte man sich die Kreismittelpunkte in der gegebenen Figur kennzeichnen und abzulesende Längen (Strecken und Radien) eintragen:

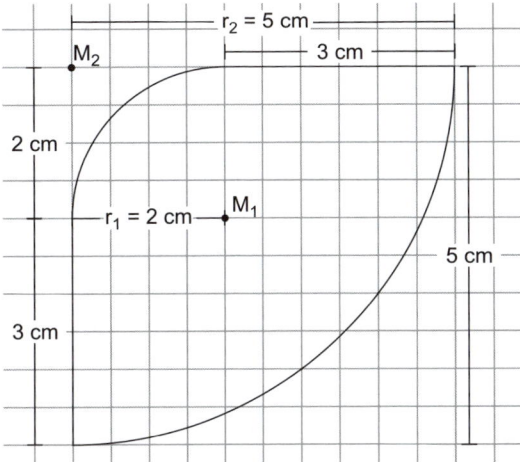

Die beiden Mittelpunkte lauten M_1 und M_2, die zugehörigen Viertelkreise besitzen die Radien 2 cm und 5 cm. Die zwei Strecken haben die Länge 3 cm. Die vorliegende Figur ist achsensymmetrisch mit einer Symmetrieachse a.

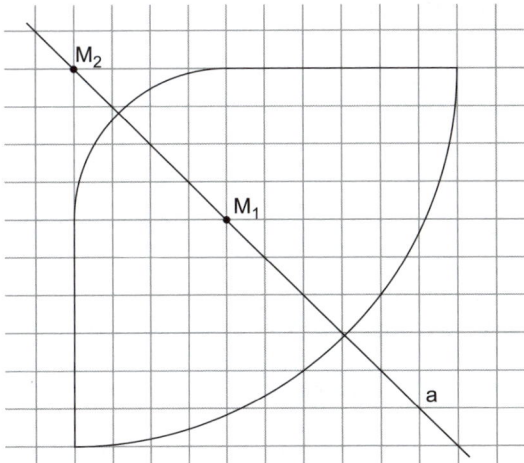

Das Anwenden der Symmetrieeigenschaft vereinfacht hier die Aufgabe nicht, da die Viertelkreise lediglich in Achtelkreise „zerlegt" werden.

Der Umfang der Figur berechnet sich nun aus der Summe des Umfangs des kleinen (2-cm-Radius) Viertelkreises, der beiden Strecken (3 cm) und des Umfangs des großen (5-cm-Radius) Viertelkreises.

$$
\begin{array}{lll}
\text{kleiner} & & \text{großer} \\
\text{Viertelkreis} & \text{Strecken} & \text{Viertelkreis} \\
U = \frac{1}{4} \cdot 2 \cdot 2 \,\text{cm} \cdot \pi & + 2 \cdot 3 \,\text{cm} & + \frac{1}{4} \cdot 2 \cdot 5 \,\text{cm} \cdot \pi \\
 = \pi \,\text{cm} & + 6 \,\text{cm} & + 2{,}5\pi \,\text{cm} \\
 = (3{,}5\pi + 6) \,\text{cm} & & \\
 \approx 17{,}0 \,\text{cm} & &
\end{array}
$$

Berechnung des Flächeninhalts der Kreisbogenfigur

Generell gilt es hierbei, die vorhandene Figur in bekannte Teilfiguren zu zerlegen, deren Flächen einfach bestimmt werden können. Im Folgenden sollen zwei Lösungswege beschrieben werden:

Lösungsweg 1:
Unter Einbeziehung der bereits gefundenen Kreismittelpunkte können die Teilflächen additiv zusammengesetzt werden.

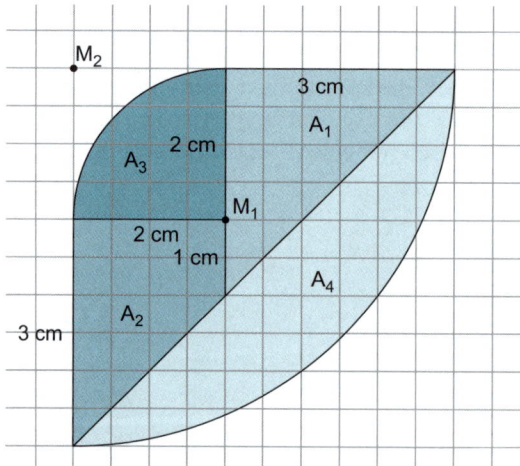

Die Gesamtfläche A setzt sich dann aus den folgenden vier Teilflächen zusammen:

A_1: Fläche eines rechtwinkligen Dreiecks, die Höhe kann mit 3 cm direkt abgelesen werden:

$$
\begin{aligned}
A_1 &= \frac{1}{2} \cdot 3 \,\text{cm} \cdot 3 \,\text{cm} \\
&= 4{,}5 \,\text{cm}^2
\end{aligned}
$$

A_2: Fläche eines Trapezes mit zwei rechten Winkeln, sodass die Höhe mit 2 cm abgelesen werden kann:

$$A_2 = \frac{3\,\text{cm} + 1\,\text{cm}}{2} \cdot 2\,\text{cm}$$

$$= 4\,\text{cm}^2$$

A_3: Fläche eines Viertelkreises mit dem Radius 2 cm:

$$A_3 = \frac{1}{4} \cdot (2\,\text{cm})^2 \cdot \pi$$

$$= \pi\,\text{cm}^2$$

A_4: Fläche eines Kreissegments, dessen zugehöriger Kreis den Radius 5 cm hat. Diese Flächenbestimmung muss über den Umweg der Differenz aus der Sektorfläche (Viertelkreis) und einer rechtwinkligen Dreiecksfläche gewonnen werden:

$$A_4 = A_{\text{Kreissektor}} - A_{\text{Dreieck}}$$

$$= \frac{1}{4} \cdot (5\,\text{cm})^2 \cdot \pi - \frac{1}{2} \cdot 5\,\text{cm} \cdot 5\,\text{cm}$$

$$= 6,25\pi\,\text{cm}^2 - 12,5\,\text{cm}^2$$

$$= (6,25\pi - 12,5)\,\text{cm}^2$$

Für die Gesamtfläche gilt demnach:

$$A = A_1 + A_2 + A_3 + A_4$$

$$= 4,5\,\text{cm}^2 + 4\,\text{cm}^2 + \pi\,\text{cm}^2 + (6,25\pi - 12,5)\,\text{cm}^2$$

$$= (7,25\pi - 4)\,\text{cm}^2$$

$$\approx 18,8\,\text{cm}^2$$

Lösungsweg 2:
Unter Einbeziehung der bereits gefundenen Kreismittelpunkte erweist sich die Zerlegung der gegebenen Figur in die Differenz zweier Figuren als ein schneller Weg, die gesuchte Fläche zu bestimmen.

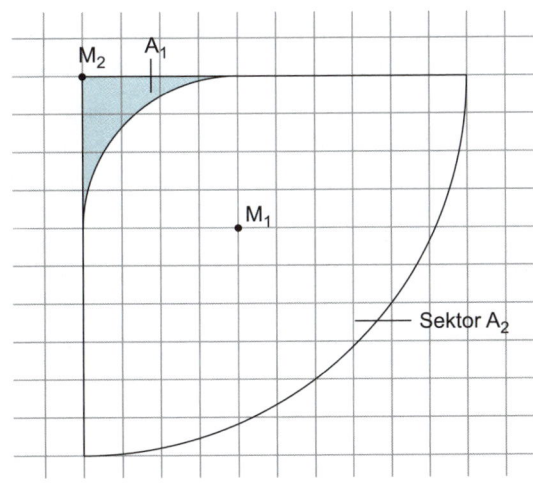

Die Gesamtfläche setzt sich aus der Differenz folgender Teilflächen zusammen:

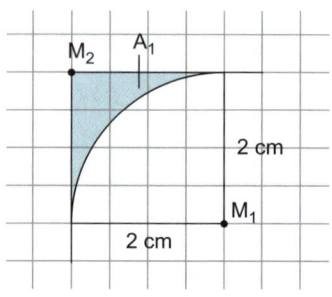

A_1: Restfläche, die übrig bleibt, wenn man einen Kreissektor eines Viertelkreises aus einem Quadrat schneidet.

$$A_1 = (2\,\text{cm})^2 - \tfrac{1}{4} \cdot (2\,\text{cm})^2 \cdot \pi$$

$$= 4\,\text{cm}^2 - \pi\,\text{cm}^2$$

$$= (4 - \pi)\,\text{cm}^2$$

A_2: Fläche eines Viertelkreises mit dem Radius 5 cm:

$$A_2 = \tfrac{1}{4} \cdot (5\,\text{cm})^2 \cdot \pi$$

$$= 6{,}25\pi\,\text{cm}^2$$

Für die Gesamtfläche gilt demnach:

$$A = A_2 - A_1$$

$$= 6{,}25\pi\,\text{cm}^2 - (4 - \pi)\,\text{cm}^2$$

$$= 6{,}25\pi\,\text{cm}^2 - 4\,\text{cm}^2 + \pi\,\text{cm}^2$$

$$= 7{,}25\pi\,\text{cm}^2 - 4\,\text{cm}^2$$

$$= (7{,}25\pi - 4)\,\text{cm}^2$$

$$\approx 18{,}8\,\text{cm}^2$$

Schritt 3: Ergebnis kontrollieren und formulieren

Die Ergebnisse kontrolliert man am sinnvollsten mithilfe geeigneter Näherungen. Hier werden zwei mögliche Abschätzungen vorgestellt.

Grobe Annäherung

Zeichnet man um die gegebene Figur ein Quadrat der Seitenlänge 5 cm und beschreibt man der Figur einen Kreis mit Radius 2 cm ein, dann lassen sich für den Umfang und den Flächeninhalt der Figur einfache Grenzwerte angeben, zwischen denen sich das tatsächliche Ergebnis bewegen muss.

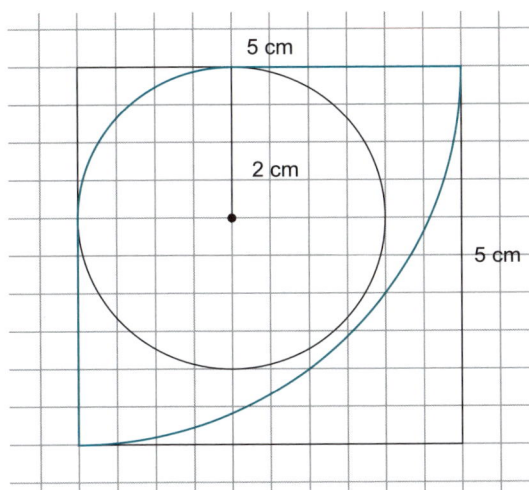

Für den Umfang U ergeben sich demnach die untere und obere Grenze:

$2 \cdot 2 \, \text{cm} \cdot \pi < U < 4 \cdot 5 \, \text{cm}$

$\quad 4\pi \, \text{cm} < U < 20 \, \text{cm}$

Also näherungsweise:

$12,6 \, \text{cm} < U < 20 \, \text{cm}$

Für die Fläche A ergeben sich demnach die untere und obere Grenze:

$(2 \, \text{cm})^2 \cdot \pi < A < (5 \, \text{cm})^2$

$\quad 4\pi \, \text{cm}^2 < A < 25 \, \text{cm}^2$

Also näherungsweise:

$12,6 \, \text{cm}^2 < A < 25 \, \text{cm}^2$

Gute Annäherung

Eine wesentlich bessere Ab-
schätzung für den Flächeninhalt der Figur erhält man
durch das Zählen der näherungsweise in der Figur
liegenden Kästchen (jeweils
$0,25 \, \text{cm}^2$).

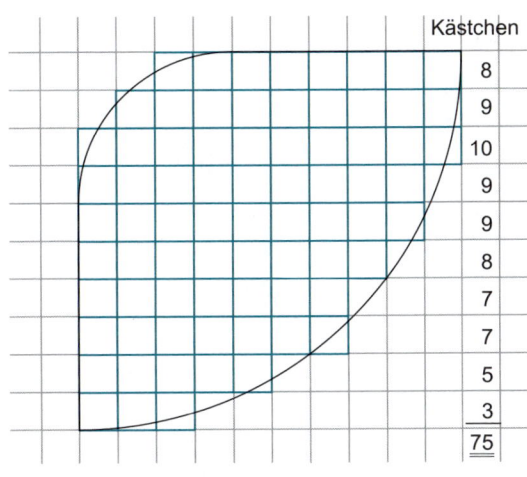

Kästchen
8
9
10
9
9
8
7
7
5
3
75

Der Umfang lässt sich gut approximieren (annähern), indem um die Figur „gerade Kästchenseiten" (jeweils 0,5 cm) und „diagonale Kästchen" (jeweils $0,5\sqrt{2}$ cm) gezeichnet werden.

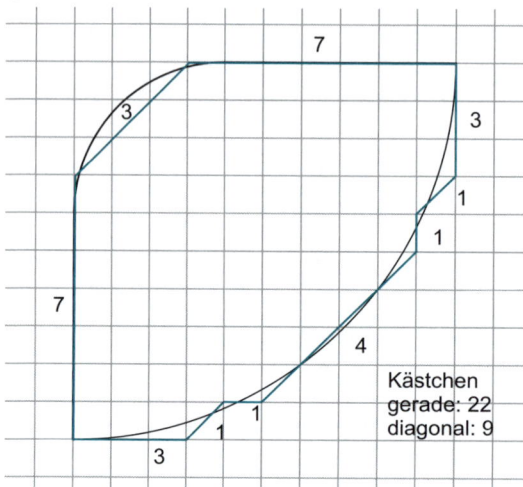

Die tatsächliche Fläche ist also näherungsweise:

$A \approx 75 \cdot 0,25$ cm^2

$ = 18,75$ cm^2

Der tatsächliche Umfang liegt annähernd bei:

$U \approx 22 \cdot 0,5$ cm $+ 9 \cdot 0,5\sqrt{2}$ cm

$ \approx 17,4$ cm

Die Ergebnisse halten einer Kontrolle stand.

Somit bestätigt sich das Ergebnis für den Umfang und die Fläche der Kreisbogenfigur:

$U = (3,5\pi + 6)$ cm

$ \approx 17,0$ cm

$A = (7,25\pi - 4)$ cm^2

$ \approx 18,8$ cm^2

Trigonometrie

1 Sinus und Kosinus am Einheitskreis

Aus der Definition des Sinus, Kosinus und Tangens sowie der Anwendung des Satzes des Pythagoras gewinnt man am Einheitskreisviertel ($0 \leq \alpha \leq 90°$) die nachstehenden Zusammenhänge.

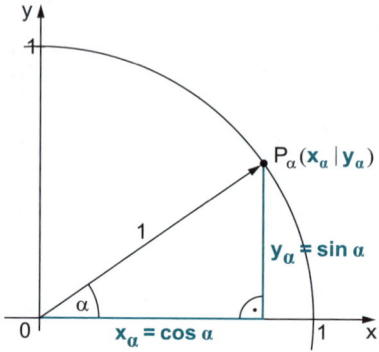 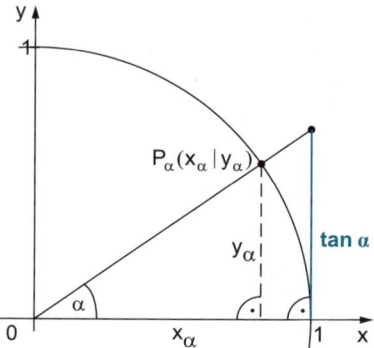

Die Koordinaten jedes Punktes auf dem Einheitskreis können durch $\sin \alpha$ und $\cos \alpha$ dargestellt werden. Dabei wird die x-Koordinate durch $\cos \alpha$ und die y-Koordinate durch $\sin \alpha$ beschrieben. Der Tangens lässt sich ebenfalls durch $\sin \alpha$ und $\cos \alpha$ ausdrücken.

Wendet man im Dreieck mit der Hypotenuse 1 und den Katheten $\sin \alpha$ und $\cos \alpha$ den Satz des Pythagoras an, so lässt sich ebenfalls ein Zusammenhang zwischen $\sin^2 \alpha$ und $\cos^2 \alpha$ herstellen.

Betrachtet man im Einheitskreis den Winkel $90° - \alpha$, so stellt man fest, dass die Längen von Sinus und Kosinus in Bezug auf den Winkel α jeweils vertauscht sind.

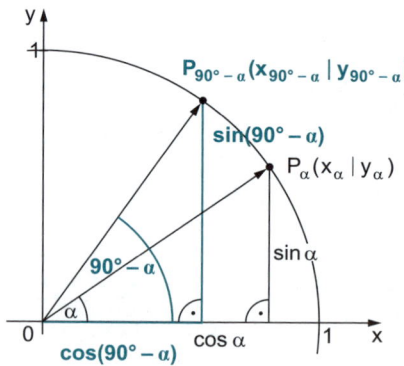

- $\tan\alpha = \frac{\sin\alpha}{\cos\alpha}$
- $\sin^2\alpha + \cos^2\alpha = 1$
- $\sin\alpha = \cos(90° - \alpha)$ und $\cos\alpha = \sin(90° - \alpha)$

Die trigonometrischen Betrachtungen am Einheitskreis lassen sich anschaulich vom „ersten Viertel" auf den „ganzen Kreis" erweitern. Dazu geht man schritt-weise vor, indem zuerst der Halbkreis, dann der Dreiviertelkreis und anschließend der ganze Kreis betrachtet werden. Winkel, die größer als 360° sind, können ebenfalls auf einen dieser Fälle zurückgeführt werden.

Schritt 1: $\beta = 180° - \alpha$
z. B. $\alpha = 35°$ und $\beta = 180° - 35° = 145°$

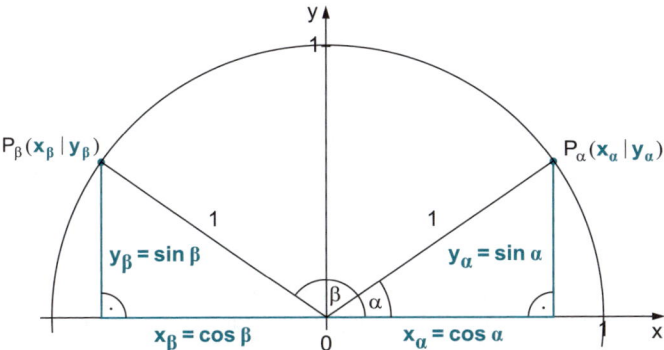

Offensichtlich gilt für die Koordinaten der Punkte P_α und P_β:
$y_\alpha = y_\beta$ und $x_\alpha = -x_\beta$
Daraus lässt sich ablesen, dass die Sinuswerte für die Winkel α und $180° - \alpha$ übereinstimmen. Die Kosinuswerte unterscheiden sich für die Winkel α und $180° - \alpha$ nur im Vorzeichen.

- $\sin\alpha = \sin(180° - \alpha)$
- $\cos\alpha = -\cos(180° - \alpha)$

Schritt 2: $\beta = 180° + \alpha$
z. B. $\alpha = 35°$ und $\beta = 180° + 35° = 215°$

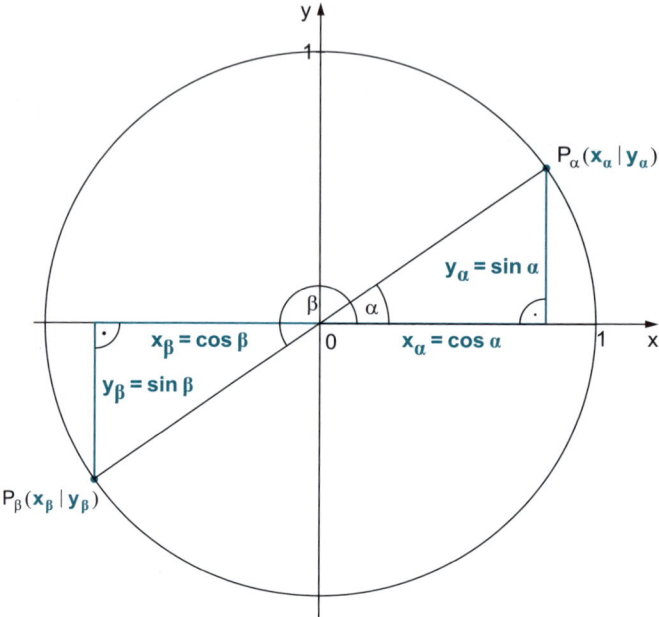

Es gilt:
$y_\alpha = -y_\beta$ und $x_\alpha = -x_\beta$
Daraus lässt sich ablesen, dass sowohl die Sinus- als auch die Kosinuswerte für die Winkel α und $180° + \alpha$ betragsmäßig übereinstimmen. Sie haben genau das entgegengesetzte Vorzeichen.

- $\sin\alpha = -\sin(180° + \alpha)$
- $\cos\alpha = -\cos(180° + \alpha)$

Schritt 3: $\beta = 360° - \alpha$

z. B. $\alpha = 35°$ und $\beta = 360° - 35° = 325°$

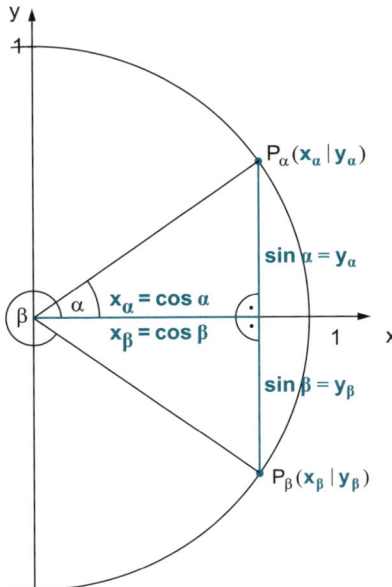

Es gilt:

$y_\alpha = -y_\beta$ und $x_\alpha = x_\beta$

Man erkennt, dass sich die Sinuswerte für die Winkel α und $360° - \alpha$ nur im Vorzeichen unterscheiden. Die Kosinuswerte stimmen für die Winkel α und $360° - \alpha$
überein.

- $\sin \alpha = -\sin(360° - \alpha)$
- $\cos \alpha = \cos(360° - \alpha)$

Schritt 4: Winkel über 360°

Hat man Winkel größer als 360°, kann man die Sinus- bzw. Kosinuswerte auf die
Werte im Einheitskreis zurückführen, indem 360° (oder n-mal 360°) vom Winkel
abgezogen werden.

Für $n \in \mathbb{N}$ gilt somit:

- $\sin(n \cdot 360° + \alpha) = \sin \alpha$
- $\cos(n \cdot 360° + \alpha) = \cos \alpha$

Beispiele

1. Führe die Funktionsterme jeweils auf einen Sinus-Funktionsterm mit $0 \leq \alpha \leq 90°$ zurück und gib anschließend den Funktionswert an.

   a) $\sin 340°$

   b) $\cos 456°$

   c) $\tan 322°$

   Lösung:

   a) $\sin\mathbf{340°} = \sin(\mathbf{360° - 20°}) = -\sin 20° \overset{\text{TR}}{\approx} -0,3420$

   b) $\cos\mathbf{456°} = \cos(\mathbf{360° + 96°}) = \cos 96° = \cos(180° - 84°)$
   $= -\cos 84° = -\sin(90° - 84°)$
   $= -\sin 6° \overset{\text{TR}}{\approx} -0,1045$

   c) $\tan\mathbf{322°} = \dfrac{\sin\mathbf{322°}}{\cos\mathbf{322°}} = \dfrac{\sin(\mathbf{360° - 38°})}{\cos(\mathbf{360° - 38°})}$
   $= \dfrac{-\sin 38°}{\cos 38°} = \dfrac{-\sin 38°}{\sin(90° - 38°)}$
   $= \dfrac{-\sin 38°}{\sin 52°} \overset{\text{TR}}{\approx} -0,7813$

2. Berechne den exakten Wert für $\cos \alpha$, wenn $\sin \alpha = -\dfrac{1}{3}$ gilt.

   Lösung:

   Es gibt zwei Lösungen $\cos \alpha_1$ und $\cos \alpha_2$, die sich nur durch das Vorzeichen unterscheiden.

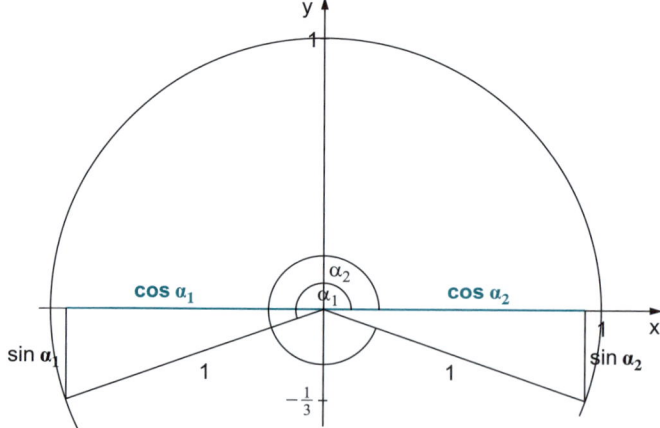

$$\sin^2\alpha + \cos^2\alpha = 1$$

$$\left(-\tfrac{1}{3}\right)^2 + \cos^2\alpha = 1$$

$$\tfrac{1}{9} + \cos^2\alpha = 1 \qquad \left| -\tfrac{1}{9} \right.$$

$$\cos^2\alpha = 1 - \tfrac{1}{9}$$

$$\cos^2\alpha = \tfrac{8}{9} \qquad \left| \sqrt{} \right.$$

$$\cos\alpha = \pm\sqrt{\tfrac{8}{9}}$$

$$\cos\alpha = \pm\tfrac{2}{3}\sqrt{2}$$

Die beiden Lösungen lauten $\cos\alpha_1 = \tfrac{2}{3}\sqrt{2}$ und $\cos\alpha_2 = -\tfrac{2}{3}\sqrt{2}$.

1 Berechne für die folgenden Winkel α jeweils $\sin\alpha$ und $\cos\alpha$ mit dem Taschenrechner auf vier Nachkommastellen genau.

a) $\alpha = 100°$
b) $\alpha = 225°$

c) $\alpha = 2\,009°$
d) $\alpha = 151°$

e) $\alpha = 398°$
f) $\alpha = 210°$

g) $\alpha = 307,16°$
h) $\alpha = 198°\,18'\,22''$

2 Zu den nachstehenden gerundeten Sinus- und Kosinuswerten gehören jeweils zwei Winkel α_1 und α_2, die zwischen $0°$ und $360°$ liegen.
Bestimme diese beiden Winkel auf Grad genau.

a) $\sin\alpha \approx 0{,}8192$
b) $\cos\alpha \approx -0{,}5299$

c) $\sin\alpha \approx -0{,}3256$
d) $\sin\alpha \approx 0{,}6018$

e) $\cos\alpha \approx 0{,}9781$
f) $\cos\alpha \approx 0{,}0175$

3 Führe die Funktionsterme jeweils auf einen Sinus-Funktionsterm mit $0 \leq \alpha \leq 90°$ zurück und gib anschließend den Funktionswert an.

a) $\sin 270°$
b) $\cos 167°$

c) $\tan 70°$
d) $\cos 710°$

4 Führe die Funktionsterme jeweils auf einen Kosinus-Funktionsterm mit $0 \leq \alpha \leq 90°$ zurück und gib anschließend den Funktionswert an.

a) $\sin 187°$
b) $\cos 1\,000°$

c) $\tan 232°$
d) $\sin 333°$

5 Berechne den exakten Wert für $\cos\alpha$, wenn $\sin\alpha = \frac{6}{11}\sqrt{3}$ gilt.

6 Berechne den exakten Wert für $\sin\alpha$, wenn $\cos\alpha = \frac{2}{5}$ gilt.

7 Die Punkte A, B, C, D, E und F liegen auf dem Einheitskreis.
Vervollständige die fehlenden Koordinaten der Punkte und gib den Winkel α, β, γ, δ, ε und φ an, den die positive x-Achse mit der Halbgeraden [OA, [OB, usw. (Koordinatenursprung O) einschließt.

a) $A(x_A | -0{,}6)$

b) $B(1 | y_B)$

c) $C\left(x_C \,\middle|\, \frac{1}{2}\sqrt{2}\right)$

d) $D\left(-\frac{1}{3}\sqrt{3} \,\middle|\, y_D\right)$

e) $E\left(x_E \,\middle|\, \frac{2}{3}\right)$

f) $F\left(\frac{4}{5} \,\middle|\, y_F\right)$

✱ **8** Der Tangens ist definiert durch $\tan\alpha = \frac{\sin\alpha}{\cos\alpha}$, wobei $\alpha \neq (1 + 2k)\cdot 90°;\ k \in \mathbb{N}_0$. Berechne die exakten Werte für $\sin\alpha$ und $\cos\alpha$, wenn $\tan\alpha = \frac{3}{2}$ gilt.

2 Polarkoordinaten

Treffen die von einem Radargerät
ausgestrahlten Impulse auf einen
Gegenstand (z. B. ein Flugzeug oder
ein Schiff), so wird dies auf dem
Radarschirm angezeigt. Der eigene
Standort liegt in der Mitte des Bild-
schirms.

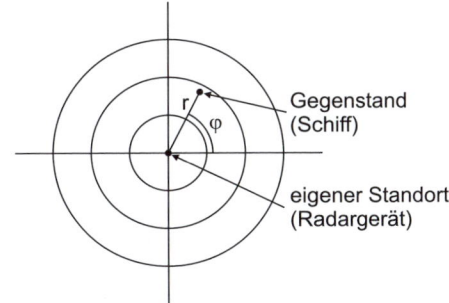

Für eine Navigation (um z. B. eine
Kollision zu vermeiden) sind folgende zwei Informationen besonders
wichtig:

1. In welcher Entfernung r befindet sich der andere Gegenstand?
2. In welcher Richtung φ (Winkel) liegt er?

Demnach wird der Standort des Gegenstandes durch die beiden (Polar-)Koordi-
naten (r; φ) festgelegt.

In einem Koordinatensystem kann ein Punkt P mithilfe der **Polarkoordinaten**
P(r; φ) angegeben werden, wobei
- r die Entfernung des Punktes zum Koordinatenursprung und
- φ der mit der positiven x-Achse eingeschlossene Winkel ist.

Beispiel

Zeichne $P_1(6; 37°)$ und $P_2(4; 155°)$ in das Koordinatensystem ein.

Lösung:

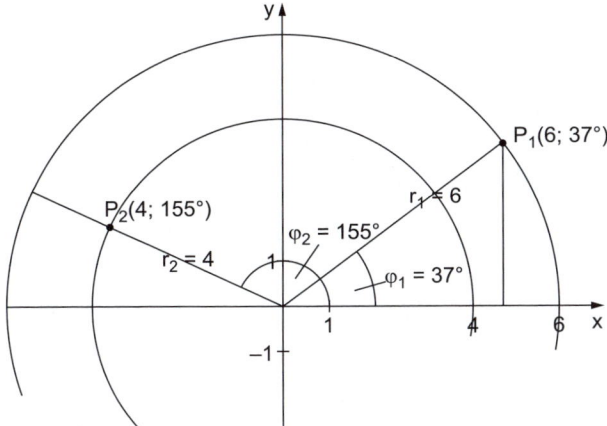

Natürlich ist es möglich, kartesische Koordinaten und Polarkoordinaten ineinander umzurechnen.

Die erste Umrechnung ergibt sich unmittelbar aus der Definition des Sinus und Kosinus:

$$\sin \varphi = \frac{y}{r} \qquad \text{bzw.} \qquad \cos \varphi = \frac{x}{r}$$

$$y = r \cdot \sin \varphi \qquad\qquad x = r \cdot \cos \varphi$$

Umrechnung von Polarkoordinaten in kartesische Koordinaten:
$$P(r; \varphi) \Rightarrow P(x \mid y) = P(r \cdot \cos \varphi \mid r \cdot \sin \varphi)$$

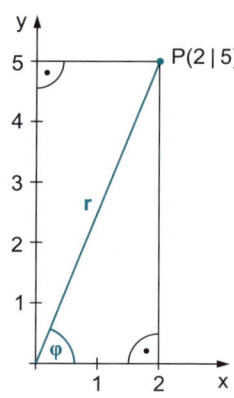

Umgekehrt bestimmt man den Abstand eines Punktes vom Koordinatenursprung durch die Anwendung des Satzes von Pythagoras:
$$r^2 = 2^2 + 5^2$$
Allgemein gilt:
$$r^2 = x^2 + y^2$$
$$\Rightarrow r = \sqrt{x^2 + y^2}$$

Gemäß der Definition des Tangens gilt für den Winkel φ:

$$\tan \varphi = \frac{y}{x}$$

$$\varphi = \arctan \frac{y}{x}$$

Umrechnung von kartesischen Koordinaten in Polarkoordinaten:
$$P(x \mid y) \Rightarrow P(r; \varphi) = P\left(\sqrt{x^2 + y^2}\,;\ \arctan \frac{y}{x}\right),$$

falls der Punkt P im I. oder IV. Quadranten liegt (also $x > 0$ ist).
$$P(r; \varphi) = P\left(\sqrt{x^2 + y^2}\,;\ \arctan \frac{y}{x} + 180°\right),$$

falls der Punkt P im II. oder III. Quadranten liegt (also $x < 0$ ist).

Beispiele

1. Rechne die Polarkoordinaten des Punktes $P(4 \mid 155°)$ in kartesische Koordinaten um.

Lösung:
Der Punkt P liegt in einer Entfernung r = 4 vom Koordinatenursprung und der mit der x-Achse eingeschlossene Winkel beträgt φ = 155°.
Setzt man diese Werte in die Formel P(x|y) = P(r · cos φ | r · sin φ) ein, erhält man als Ergebnis die kartesischen Koordinaten:

$$P(x|y) = P(\mathbf{r} \cdot \cos \boldsymbol{\varphi} \,|\, \mathbf{r} \cdot \sin \boldsymbol{\varphi})$$
$$= P(\mathbf{4} \cdot \cos \mathbf{155°} \,|\, \mathbf{4} \cdot \sin \mathbf{155°})$$

Mithilfe des Taschenrechners lässt sich auch eine Näherung angeben:
P(−3,6 | 1,7)

2. Rechne die kartesischen Koordinaten des Punktes P(2|5) in Polarkoordinaten um.

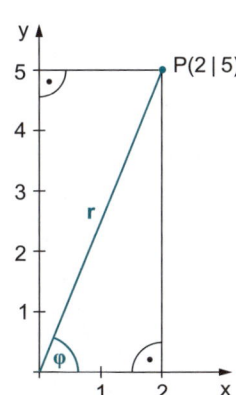

Lösung:
Da die x-Koordinate gleich 2 und damit positiv ist, liegt P rechts der y-Achse. Für die Umrechnung in Polarkoordinaten ist also der folgende Zusammenhang entscheidend:

$$P(r; \varphi) = P\left(\sqrt{\mathbf{x}^2 + \mathbf{y}^2}\,;\, \arctan \frac{\mathbf{y}}{\mathbf{x}}\right)$$

Setzt man x = 2 und y = 5 in diese Formel ein, dann erhält man die gesuchte Polarkoordinatenform:

$$P(r; \varphi) = P\left(\sqrt{\mathbf{2}^2 + \mathbf{5}^2}\,;\, \arctan \frac{\mathbf{5}}{\mathbf{2}}\right)$$
$$= P\left(\sqrt{29}\,;\, \arctan \frac{5}{2}\right)$$

Mithilfe des Taschenrechners lässt sich auch eine Näherung angeben:
P(5,4; 68,2°)

9 Bestimme die fehlenden Koordinatendarstellungen der Punkte A, B, C und D.

	kartesische Koordinaten	Polarkoordinaten
a)		A(6; 37°)
b)	B($-4 \mid \sqrt{2}$)	
c)	C($\frac{1}{5} \mid -\frac{5}{7}$)	
d)		D($\frac{1}{3}$; 222°)

10 Auf dem eigenen Schiff, das auf offener See exakt in nördlicher Richtung mit konstanter Geschwindigkeit fährt, sind zwei weitere Schiffe S_1 und S_2 auf dem Radarschirm zu beobachten. Die Auswertung des Radars ergibt folgende Polarkoordinaten (die Entfernung ist hier in Kilometer angegeben):
$S_1(2,10;\ 162°)$ und $S_2(4,72;\ 220°)$

Nach exakt 10 Minuten werden die Standorte der Schiffe wie folgt bestimmt:
$S_1'(1,59;\ 162°)$ und $S_2'(3,91;\ 212°)$

a) Zeichne ein Koordinatensystem und trage die gemessenen Standorte ein ($1\ \mathrm{km} \stackrel{\wedge}{=} 2\ \mathrm{cm}$).

b) Kollidiert eines der Schiffe S_1 oder S_2 mit dem eigenen Schiff? Wenn ja, bestimme in etwa die noch verbleibende Zeit bis zum Zusammenstoß.

c) Kollidieren die beiden Schiffe S_1 und S_2? Wenn ja, bestimme in etwa die noch verbleibende Zeit bis zum Zusammenstoß.

3 Bogenmaß

Unter dem Bogenmaß versteht man das Verhältnis $\frac{\text{Bogenlänge}}{\text{Kreisradius}}$, das gemäß des Strahlensatzes bei der Vergrößerung oder Verkleinerung eines Kreises unverändert bleibt. Somit können Winkelgrößen (Einheit Grad) auch durch das Bogenmaß (Dezimalbrüche ohne Einheit!) beschrieben werden.

Da der Einheitskreis den Radius $r = 1$ hat, gilt für den Umfang U_E des Einheitskreises:
$U_E = 2r\pi = 2 \cdot 1 \cdot \pi = 2\pi$

Somit lässt sich die Länge eines Kreisbogens b des Einheitskreises für einen gegebenen Winkel α leicht berechnen, indem man den Anteil am Vollkreis $\frac{\alpha}{360°}$ betrachtet.

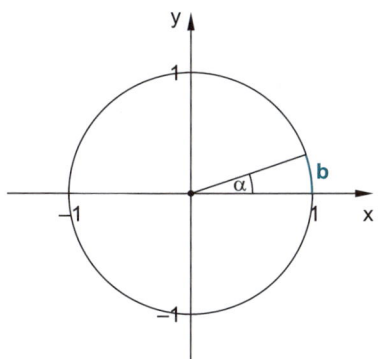

$b = \frac{\alpha}{360°} \cdot U_E$

$= \frac{\alpha}{360°} \cdot 2\pi$

$= \frac{\alpha}{180°} \cdot \pi$

Umgekehrt erhält man zu einer gegebenen Bogenlänge b des Einheitskreises rechnerisch den zugehörigen Winkel α, indem man die Gleichung $b = \frac{\alpha}{180°} \cdot \pi$ nach α auflöst:

$b = \frac{\alpha}{180°} \cdot \pi \quad | \cdot 180°$

$b \cdot 180° = \alpha \cdot \pi \quad | : \pi$

$\frac{b}{\pi} \cdot 180° = \alpha$

Jedem Winkel α lässt sich also eindeutig eine Bogenlänge b zuordnen. Die Umkehrung dieser Zuordnung gilt ebenfalls.

Da der Einheitskreis den Radius $r = 1$ hat, gilt:
Bogenmaß $= \frac{b}{1} = b$

Die allgemeinen Formeln für die Umrechnungen lauten:

Bogenmaß $= \frac{\alpha}{180°} \cdot \pi$ und $\alpha = \frac{\text{Bogenmaß}}{\pi} \cdot 180°$

kurz (Einheitskreis): $\mathbf{b = \frac{\alpha}{180°} \cdot \pi, \ \alpha = \frac{b}{\pi} \cdot 180°}$

Bei der folgenden Übersicht sind Winkel(maße) und Bogenmaße gegenüberge-
stellt. Dem Vollwinkel 360° entspricht das Bogenmaß 2π. Durch Halbierung dieser Maße findet man die nächste Entsprechung. 180° im Winkelmaß ist gleich-
bedeutend mit π im Bogenmaß, usw.

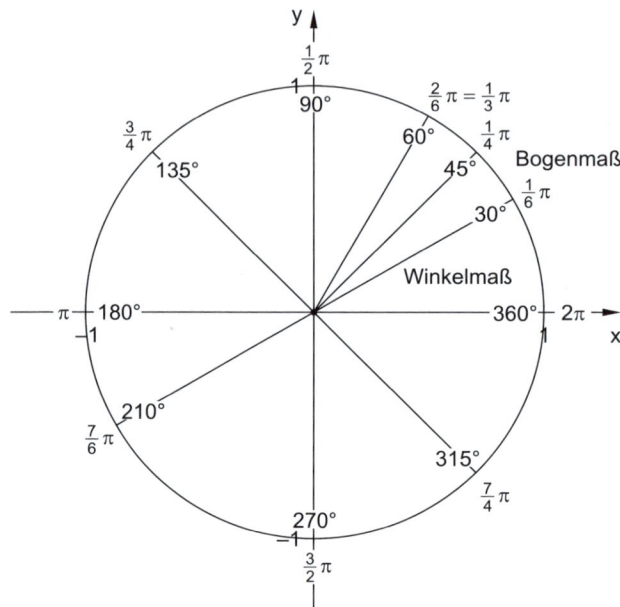

Trigonometrische Funktionen können sowohl auf Winkel als auch auf das Bogenmaß angewandt werden. Fehlt die Einheit Grad (°), dann handelt es sich um das
Bogenmaß.

Für $\sin 60°$ (Winkelmaß) liefert der Taschenrechner (DEG-Einstellung!) den Wert
$\frac{\sqrt{3}}{2}$. Ist der Taschenrechner dagegen auf RAD eingestellt, liefert er für $\sin 60$
(Bogenmaß) den Näherungswert $-0,3048$.

Möchte man $\sin\left(\frac{1}{3}\pi\right)$ (Bogenmaß) berechnen, so muss der Taschenrechner auf
RAD eingestellt werden. Man erhält den Wert $\frac{\sqrt{3}}{2}$.

Beispiele

1. Bestimme das zugehörige Bogenmaß des Winkels $\alpha = 157°$.

   Lösung:
   Setze den gegebenen Winkel in die Formel $b = \frac{\alpha}{180°} \cdot \pi$ ein:
   $b = \frac{\mathbf{157°}}{180°} \cdot \pi$
   $\quad = \frac{157}{180}\pi \quad$ (exaktes Ergebnis)

Näherungsweise (TR) lässt sich das Bogenmaß (keine Einheit!) auch wie folgt darstellen:

$b \approx 0{,}87\pi$

Oder nach Multiplikation mit der Kreiszahl $\pi = 3{,}1415\ldots$ gilt:

$b \approx 2{,}74$

2. Bestimme den zum Bogenmaß $b = 3$ gehörigen Winkel.

Lösung:

Setze das gegebene Bogenmaß in die Formel $\alpha = \frac{b}{\pi} \cdot 180°$ ein:

$\alpha = \frac{3}{\pi} \cdot 180°$ (exaktes Ergebnis)

Näherungsweise (TR) lässt sich der Winkel (Einheit Grad) auch wie folgt angeben:

$\alpha \approx 0{,}955 \cdot 180°$

$\approx 171{,}9°$

Anmerkung:

Das gegebene Bogenmaß $b = 3$ könnte näherungsweise (Division durch π) auch als Vielfaches von π umgerechnet werden:

$b \approx 0{,}955 \cdot \pi$

3. Berechne den Winkel, der dem Bogenmaß $b = 1{,}69\pi$ entspricht.

Lösung:

Setze das gegebene Bogenmaß in die Formel $\alpha = \frac{b}{\pi} \cdot 180°$ ein:

$\alpha = \frac{\mathbf{1{,}69\pi}}{\pi} \cdot 180°$

$= 1{,}69 \cdot 180°$

$= 304{,}2°$ (exaktes Ergebnis)

Anmerkung:

Das gegebene Bogenmaß $b = 1{,}69\pi$ könnte näherungsweise (Multiplikation mit π) mit $b \approx 5{,}31$ angegeben werden.

11 Berechne die Sinus-, Kosinus- und Tangenswerte mit dem Taschenrechner auf drei Dezimalen genau. Beachte hierbei, dass dein Taschenrechner bei fehlender Gradeinheit auf die RAD-Einstellung umgeschaltet werden muss.

a) $\sin 90$

b) $\cos\left(\frac{2}{3}\sqrt{5}\right)$

c) $\tan \dfrac{\pi}{2}$

d) $\sin \pi°$

e) $\cos(8{,}8\pi)$

f) $\tan(6\pi)$

g) $\sin 333°$

h) $\cos 0{,}2$

12 Vervollständige die Tabelle und gib die Ergebnisse exakt an, falls dies möglich ist. Ansonsten runde auf zwei Dezimalen.

	Winkel(maß) α	Bogenmaß b	Bogenmaß b (als Vielfaches von π)
a)	156°		
b)		3,14	
c)			$\frac{1}{2}\sqrt{3}\pi$
d)		$\sqrt{2}$	
e)	120°		
f)			1,9π
g)		0,16	
h)			$\frac{11}{6}\pi$
i)	1,1°		
j)	400°		
k)		8	
l)			5π

4 Sinus- und Kosinusfunktion

Mithilfe des Bogenmaßes lassen sich die bereits aus der 9. Klasse bekannten Zu-
ordnungen der Sinusfunkton $\alpha \mapsto \sin \alpha$ und Kosinusfunktion $\alpha \mapsto \cos \alpha$ auf die
Grundmenge der reellen Zahlen übertragen.
Die Ähnlichkeit der beiden Funktionen resultiert aus dem bekannten Zusammen-
hang $\sin \alpha = \cos(90° - \alpha)$ und $\cos \alpha = \sin(90° - \alpha)$.
Dieser Zusammenhang lautet dann entsprechend im Bogenmaß:

$$\sin x = \cos\left(\frac{\pi}{2} - x\right) \quad \text{und} \quad \cos x = \sin\left(\frac{\pi}{2} - x\right)$$

Dies beobachtet man am einfachsten an den Funktionsgraphen:
Der Graph der Kosinusfunktion ist der um $\frac{\pi}{2}$ in negative x-Richtung („nach
links") verschobene Graph der Sinusfunktion.

Über der Menge der reellen Zahlen $\mathbb{R}$ werden folgende trigonometrische Funktionen definiert:

Sinusfunktion
Die Zuordnungsvorschrift lautet **f: $x \mapsto \sin x$**.
Für die Definitionsmenge gilt **$D = \mathbb{R}$** und für die Wertemenge **$W = [-1; 1]$**.

Wichtige Werte der Wertetabelle:

x	0	$\frac{\pi}{3}$	$\frac{\pi}{2}$	$\frac{2\pi}{3}$	π	$\frac{4\pi}{3}$	$\frac{3}{2}\pi$	$\frac{5\pi}{3}$	2π
$f(x) = \sin x$	0	$\frac{1}{2}\sqrt{3}$	1	$\frac{1}{2}\sqrt{3}$	0	$-\frac{1}{2}\sqrt{3}$	-1	$-\frac{1}{2}\sqrt{3}$	0

Funktionsgraph:

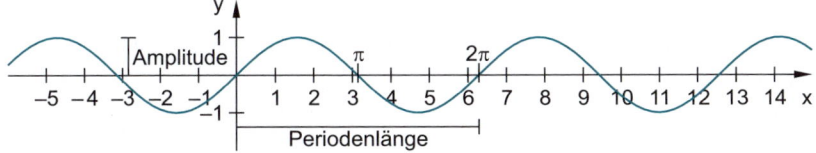

Kosinusfunktion

Die Zuordnungsvorschrift lautet **f: x ↦ cos x**.

Für die Definitionsmenge gilt **D = ℝ** und für die Wertemenge **W = [−1; 1]**.

Wichtige Werte der Wertetabelle:

x	0	$\frac{\pi}{3}$	$\frac{\pi}{2}$	$\frac{2\pi}{3}$	π	$\frac{4\pi}{3}$	$\frac{3}{2}\pi$	$\frac{5\pi}{3}$	2π
f(x) = cos x	1	$\frac{1}{2}$	0	$-\frac{1}{2}$	−1	$-\frac{1}{2}$	0	$\frac{1}{2}$	1

Funktionsgraph:

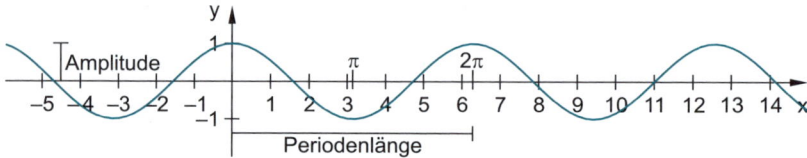

Die beiden hier vorliegenden Graphen sind periodische Kurven, d. h., die Funktionswerte der Sinus- und der Kosinusfunktion wiederholen sich in regelmäßigen Abständen, den sogenannten **Perioden**. Diese beiden Funktionen besitzen jeweils die Periodenlänge 2π.

Unter dem Begriff **Amplitude** versteht man den „Ausschlag" der periodischen Funktion in y-Richtung. Diese ist direkt an der Wertemenge ablesbar bzw. mithilfe der folgenden Formel sehr leicht zu errechnen:

$$W = [a; b] \implies \text{Amplitude: } \frac{b-a}{2}$$

Beispiele

1. Bestimme die Amplitude für
   a) die Sinus- und Kosinusfunktion,
   b) eine periodische Funktion mit der Wertemenge W = [−9; −0,5].

   Lösung:
   a) Die Sinus- und Kosinusfunktion besitzen die Wertemenge W = [−1; 1].
      Daher gilt für die Amplitude:
      $$\frac{1-(-1)}{2} = \frac{1+1}{2} = 1$$
   b) Für die Amplitude gilt:
      $$\frac{-0,5-(-9)}{2} = \frac{8,5}{2} = 4,25$$

2. $\cos x = 0{,}6$

    Lies an dem Graphen der Funktion $x \mapsto \cos x$ im Definitionsbereich $D = [0;\ 2\pi]$ näherungsweise ab, wie groß x ist, und kontrolliere dein Ergebnis mit dem Taschenrechner.

    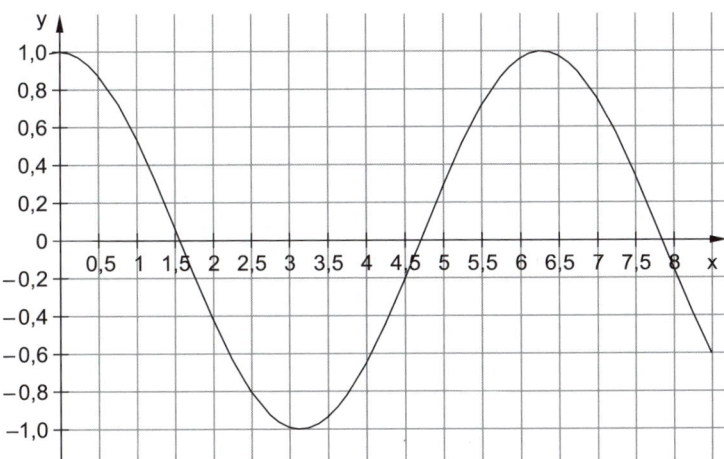

    Lösung:

    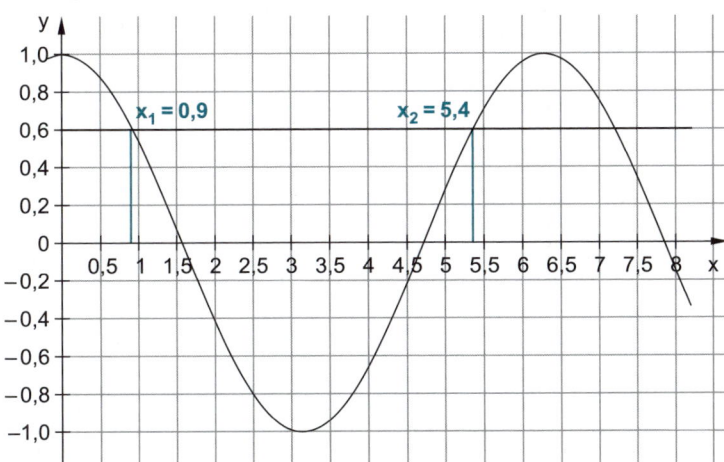

    abgelesen: $x_1 = 0{,}9$ und $x_2 = 5{,}4$

    TR: $x_1 = 0{,}9272\ldots$

    Um auf den exakten zweiten x-Wert zu kommen, muss der Zusammenhang $\mathbf{\cos x = \cos(2\pi - x)}$ (bzw. $\cos\alpha = \cos(360° - \alpha)$) beachtet werden:

    $x_2 = 2\pi - x_1$

    $\quad = 5{,}3558\ldots$

3. Wie oft nimmt die Sinusfunktion im Intervall $[-32; 2\pi]$ den Funktionswert $-\frac{1}{2}\sqrt{2}$ an?

Lösung:
Der TR liefert den Wert

$$\sin^{-1}\left(-\frac{1}{2}\sqrt{2}\right) = -\frac{1}{4}\pi,$$

d. h., für $x = -\frac{1}{4}\pi$ besitzt sin(x) den geforderten Funktionswert.

Da die Sinusfunktion periodisch ist, wird dieser Wert **zweimal pro Periodenlänge** angenommen, insbesondere im Teilintervall $[0; 2\pi]$.
Das Teilintervall $[-32; 0]$ entspricht näherungsweise dem Intervall $[-10{,}186\pi; 0]$, wobei in $[-10\pi; 0]$ **10-mal** und in $[-10{,}186\pi; -10\pi]$ **keinmal** der geforderte Wert angenommen wird.

Ergebnis:
Die Sinusfunktion nimmt im Intervall $[-32; 2\pi]$ den Funktionswert $-\frac{1}{2}\sqrt{2}$ genau 12-mal an.

13 Gib für die nachstehenden Zuordnungen jeweils näherungsweise die Länge der Periode und die Amplitude an.

a) Bewegung eines mechanischen Systems (z. B. Computerarm bei der Montage)

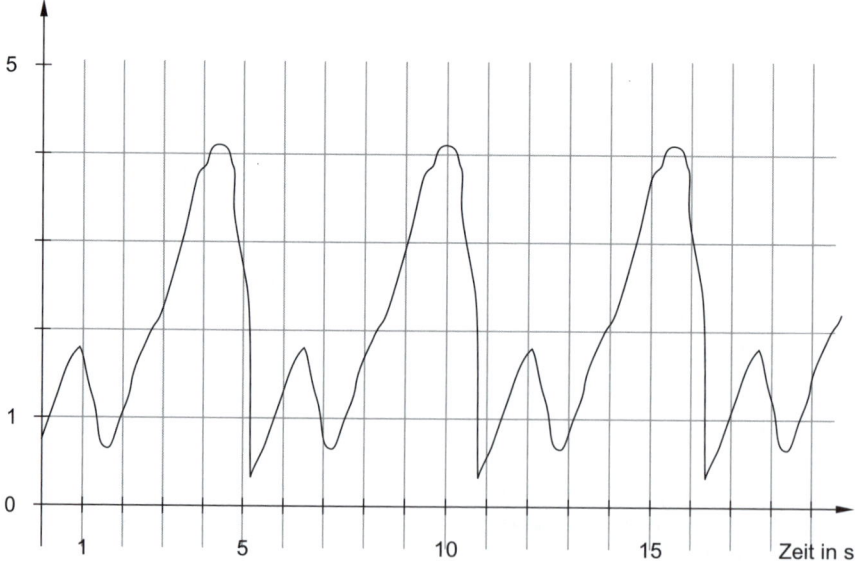

b) Töne

Frequenz in Hz

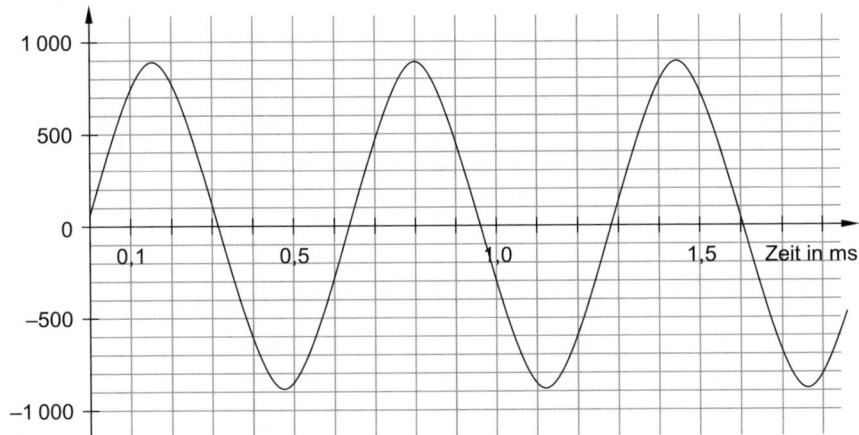

c) Töne

Frequenz in Hz

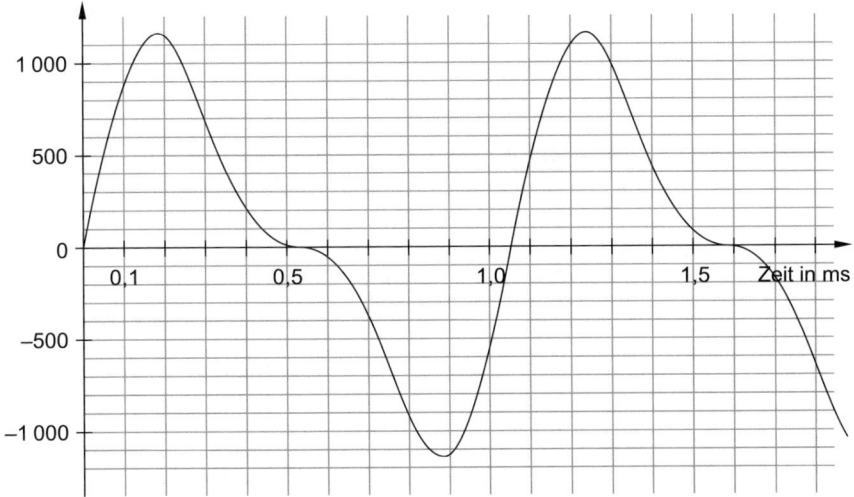

d) Differenztöne

Frequenz in Hz

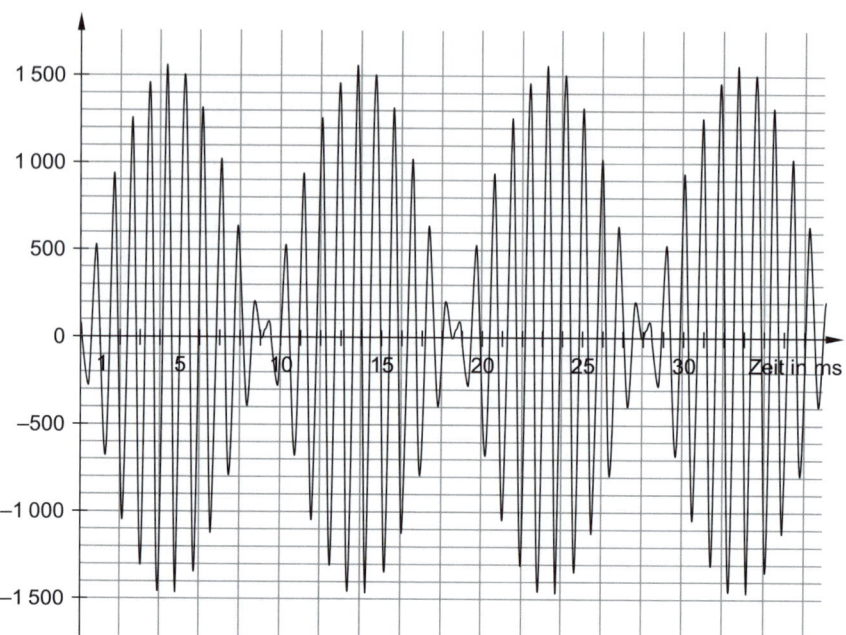

14 Beim Zeichnen von Sinus- und Kosinusfunktionen verwendet man oft näherungsweise für π die Zahl 3. Damit ergeben sich die vereinfachten Wertetabellen:

x	0	1,5	3	4,5	6
sin x	0	1	0	−1	0
cos x	1	0	−1	0	1

Zeichne die beiden Funktionsgraphen, wenn die Koordinatenachsen wie folgt
skaliert werden (Längeneinheit LE).

a) x-Achse: 1 LE $\stackrel{\wedge}{=}$ 1 cm
    y-Achse: 1 LE $\stackrel{\wedge}{=}$ 1 cm

b) x-Achse: 1 LE $\stackrel{\wedge}{=}$ 2 cm
    y-Achse: 1 LE $\stackrel{\wedge}{=}$ 1 cm

c) x-Achse: 1 LE $\stackrel{\wedge}{=}$ 0,5 cm
    y-Achse: 1 LE $\stackrel{\wedge}{=}$ 3 cm

d) x-Achse: 1 LE $\stackrel{\wedge}{=}$ 1 cm
    y-Achse: 1 LE $\stackrel{\wedge}{=}$ 4 cm

15 $x \mapsto \sin x$

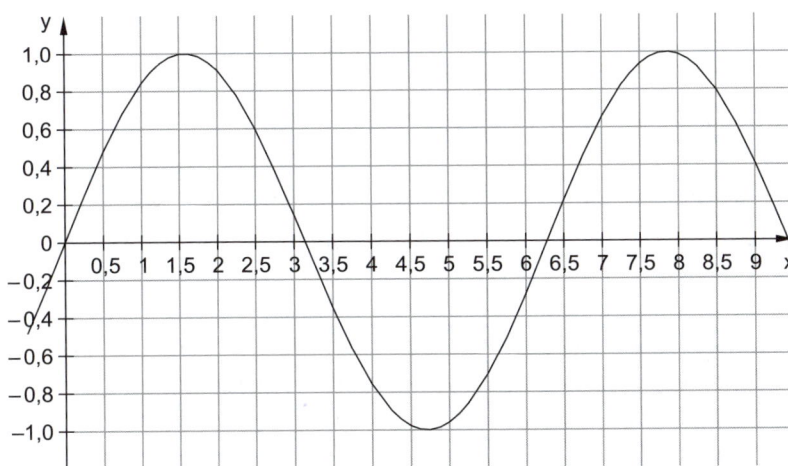

$x \mapsto \cos x$

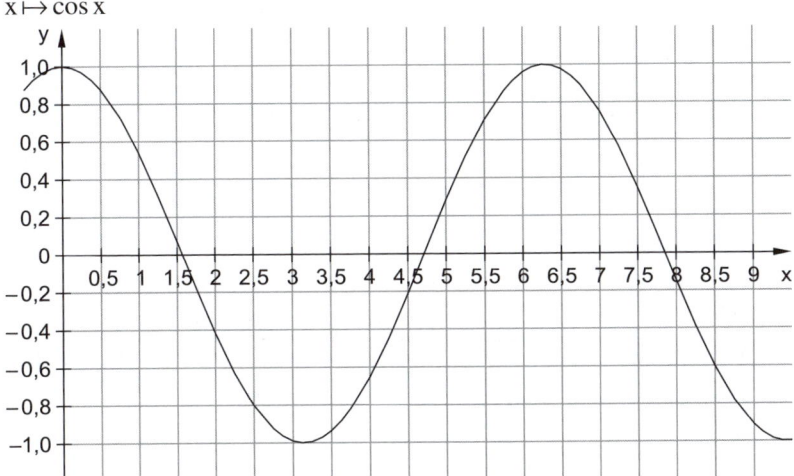

Lies an den Graphen der Funktionen $x \mapsto \sin x$ und $x \mapsto \cos x$ im Definitions-
bereich $D = [0; 2\pi]$ näherungsweise ab, wie groß die Unbekannte x bzw. y ist.
Kontrolliere dein Ergebnis mit dem Taschenrechner.

a) $\sin x = 0{,}7$

b) $\cos x = -0{,}5$

c) $\cos 2{,}5 = y$

d) $\sin 4{,}2 = y$

5 Allgemeine Sinus- und Kosinusfunktion

Ausgangspunkt der nachfolgenden Überlegungen ist jeweils die Sinus- und Kosinusfunktion.

$f(x) = \cos x$
$f(x) = \sin x$

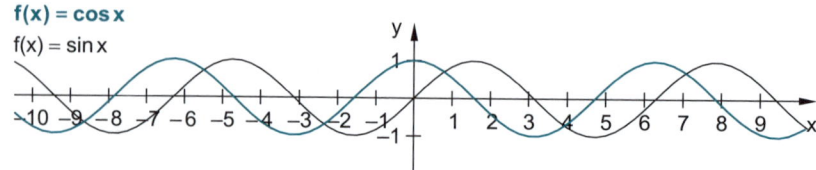

Da die Graphen der Sinus- und Kosinusfunktion aufgrund des bekannten Zusammenhangs $\sin x = \cos\left(\frac{\pi}{2} - x\right)$ nur um $\frac{\pi}{2}$ gegeneinander verschoben sind, werden die folgenden Überlegungen nur an der Sinusfunktion veranschaulicht.

Schritt 1: Streckung und Stauchung in y-Richtung

Im Folgenden werden alle Sinus-Funktionswerte $\sin x$ mit einem Parameter $a \in \mathbb{R} \setminus \{0\}$ multipliziert ($a \cdot \sin x$) und die zu beobachtenden Veränderungen allgemein beschrieben.

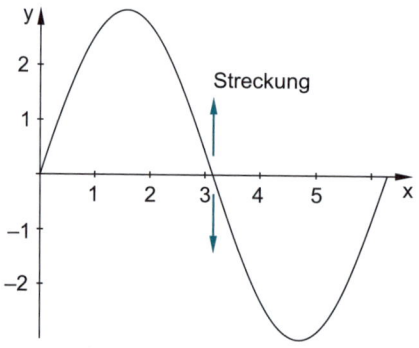

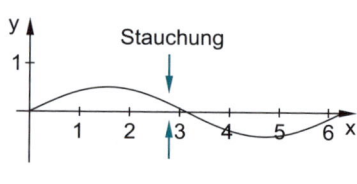

$f: x \mapsto a \cdot \sin x$ mit $a \in \mathbb{R} \setminus \{0\}$
Streckung: $|a| > 1$
Stauchung: $0 < |a| < 1$
$a < 0$: Spiegelung an der x-Achse
Wertemenge $W = [-|a|; |a|]$
Amplitude $\dfrac{|a| - (-|a|)}{2} = \dfrac{2 \cdot |a|}{2} = |a|$

Beispiele

1. Gib die Wertemenge, Amplitude und Periode von f: $x \mapsto 3 \cdot \sin x$ an und zeichne den Graphen.

   Lösung:
   Wertemenge $W = [-3; \, 3]$; Amplitude $\frac{3-(-3)}{2} = \frac{6}{2} = 3$

   Jeder Funktionswert der Funktion f: $x \mapsto 3 \cdot \sin x$ wird im Vergleich zur Sinusfunktion mit 3 multipliziert. Somit wächst (Streckung) der größte Funktionswert von $\sin \frac{\pi}{2} = 1$ auf $f\left(\frac{\pi}{2}\right) = 3 \cdot 1 = 3$. Die Periodizität von 2π bleibt dabei erhalten.

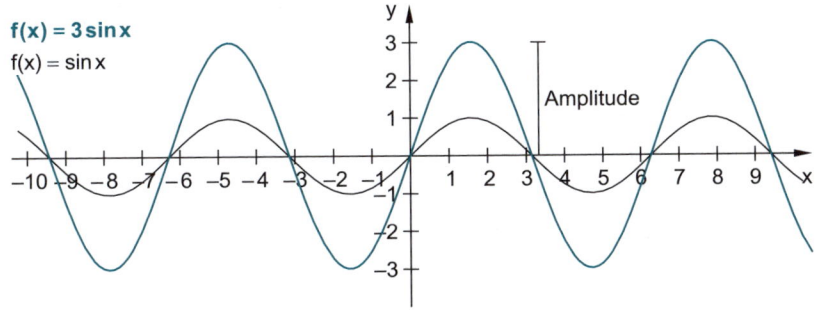

f(x) = 3 sin x
f(x) = sin x
Amplitude

2. Gib die Wertemenge, Amplitude und Periode von f: $x \mapsto -\frac{1}{2} \cdot \sin x$ an und zeichne den Graphen.

   Lösung:
   Wertemenge $W = [-0{,}5; \, 0{,}5]$; Amplitude $\frac{0{,}5-(-0{,}5)}{2} = \frac{1}{2}$

   Jeder Funktionswert der Funktion f: $x \mapsto -\frac{1}{2} \cdot \sin x$ wird im Vergleich zur Sinusfunktion mit $-0{,}5$ multipliziert. Somit wird der Betrag des größten Funktionswertes von $\sin \frac{\pi}{2} = 1$ auf $f\left(\frac{\pi}{2}\right) = -0{,}5 \cdot 1 = -0{,}5$ verkleinert (Stauchung) und die Funktion zugleich an der x-Achse gespiegelt. Die Periodizität von 2π bleibt erhalten.

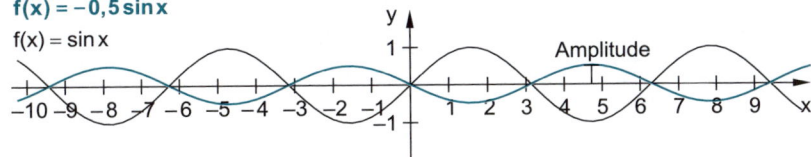

f(x) = −0,5 sin x
f(x) = sin x
Amplitude

Schritt 2: Streckung und Stauchung in x-Richtung

Im Folgenden werden die Funktionsterme sin x mit einem Parameter $b \in \mathbb{R} \setminus \{0\}$ so verändert $(\sin(b \cdot x))$ dass die Funktionswerte $W = [-1; 1]$ bereits „früher" oder erst „später" angenommen werden. Die zu beobachtenden Veränderungen werden allgemein beschrieben.

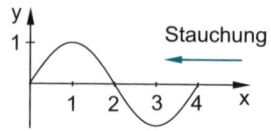
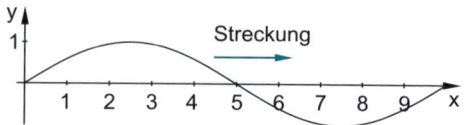

f: $x \mapsto \sin(b \cdot x)$ mit $b \in \mathbb{R} \setminus \{0\}$
Stauchung: $|b| > 1$
Streckung: $0 < |b| < 1$
$b < 0$: Spiegelung an der y-Achse
Periodenlänge $\left| \frac{2\pi}{b} \right|$

Beispiele

1. Beschreibe die Funktion f: $x \mapsto \sin(2 \cdot x)$ und zeichne den Graphen.

   Lösung:
   Periodenlänge $\frac{2\pi}{2} = \pi$

   Bereits für $x = \frac{\pi}{2}$ ergibt sich für die Funktion f: $x \mapsto \sin(2 \cdot x)$ der Funktionswert 0 und damit die kürzere Periodenlänge $\frac{2\pi}{2} = \pi$. Die ursprüngliche Sinusfunktion wird also in x-Richtung gestaucht. Die Wertemenge $W = [-1; 1]$ bleibt dagegen erhalten.

   f(x) = sin 2x
   f(x) = sin x

   Periodenlänge

2. Beschreibe die Funktion f: $x \mapsto \sin\left(-\frac{1}{3} \cdot x\right)$ und zeichne den Graphen.

   Lösung:

   Periodenlänge $\left|\frac{2\pi}{-\frac{1}{3}}\right| = |-6\pi| = 6\pi$

   Erst für $x = 3\pi$ ergibt sich für die Funktion f: $x \mapsto \sin\left(-\frac{1}{3} \cdot x\right)$ der Funk-

   tionswert 0 und damit die größere Periodenlänge $\left|\frac{2\pi}{-\frac{1}{3}}\right| = |-6\pi| = 6\pi$. Die

   ursprüngliche Sinusfunktion wird also in x-Richtung gestreckt und an der
   y-Achse gespiegelt. Die Wertemenge $W = [-1; 1]$ bleibt erhalten.

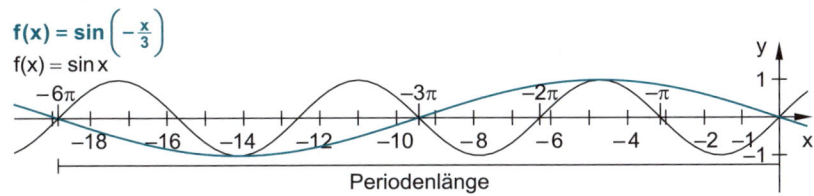

Schritt 3: Verschiebung in x-Richtung

Im Folgenden werden die Sinusfunktionsterme sin x durch einen Parameter $c \in \mathbb{R}$
so verändert (**sin (x + c)**), dass sich die Graphen entlang der x-Achse verschieben.
Wiederum werden die Veränderungen allgemein beschrieben.

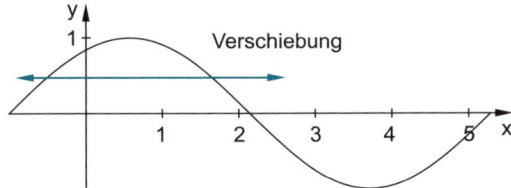

f: $x \mapsto \sin(x + c)$ mit $c \in \mathbb{R}$
positive x-Richtung („rechts"): $c < 0$
negative x-Richtung („links"): $c > 0$

Beispiel

Beschreibe die Funktion f: $x \mapsto \sin\left(x + \frac{1}{2}\right)$ und zeichne ihren Graphen.

Lösung:

Im Vergleich zur Sinusfunktion werden bei der Funktion f: $x \mapsto \sin\left(x + \frac{1}{2}\right)$ die Funktionswerte schon „früher erreicht", da die x-Werte unter der Sinusfunktion jeweils mit $\frac{1}{2}$ addiert werden. Entsprechend verschiebt sich die Periode **um $\frac{1}{2}$ in negative x-Richtung**. Die Periodenlänge bleibt jedoch mit 2π erhalten.

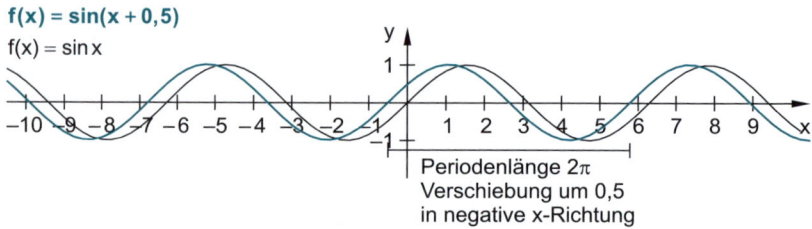

$f(x) = \sin(x + 0{,}5)$
$f(x) = \sin x$

Periodenlänge 2π
Verschiebung um 0,5
in negative x-Richtung

Schritt 4: Verschiebung in y-Richtung

Im Folgenden werden alle Sinus-Funktionswerte $\sin x$ mit einem Parameter $d \in \mathbb{R}$ addiert ($\mathbf{\sin(x) + d}$) und die zu beobachtenden Veränderungen allgemein beschrieben.

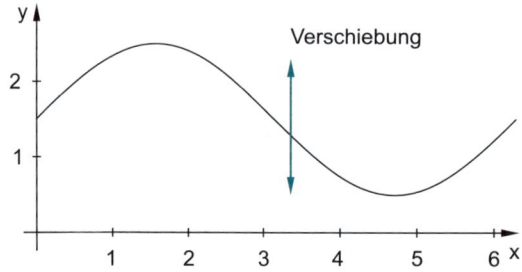

Verschiebung

---

f: $x \mapsto \sin(x) + d$ mit $d \in \mathbb{R}$

positive y-Richtung („oben"): $d > 0$

negative y-Richtung („unten"): $d < 0$

Wertemenge $W = [-1 + d;\ 1 + d]$

Beispiel

Beschreibe die Funktion f: $x \mapsto \sin(x) - \frac{7}{5}$ und zeichne ihren Graphen.

Lösung:
Wertemenge $W = \left[-1-\frac{7}{5}; 1-\frac{7}{5}\right] = [-2,4; -0,4]$;

Amplitude $\frac{-0,4-(-2,4)}{2} = \frac{2}{2} = 1$

Im Vergleich zur Sinusfunktion werden bei der Funktion f: $x \mapsto \sin(x) - \frac{7}{5}$ alle Funktionswerte mit $-\frac{7}{5}$ addiert, woraus sich die **Verschiebung** der Funktion **in y-Richtung** (hier nach unten) ergibt. Während die Periodenlänge weiterhin 2π beträgt, ändert sich die Wertemenge entsprechend der Verschiebung auf $W = \left[-1-\frac{7}{5}; 1-\frac{7}{5}\right] = [-2,4; -0,4]$.

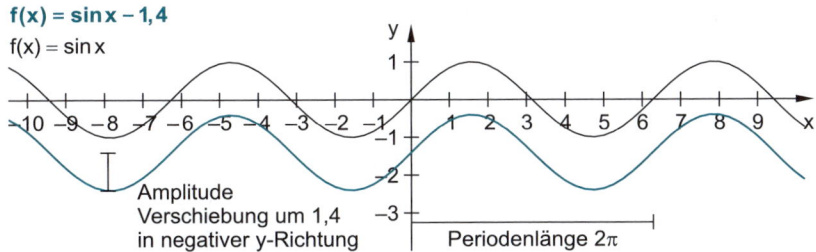

f(x) = sin x − 1,4
f(x) = sin x

Amplitude
Verschiebung um 1,4
in negativer y-Richtung
Periodenlänge 2π

Schritt 5: Allgemeine Sinus- und Kosinusfunktion

Im Folgenden werden die Schritte 1 bis 4 zugleich angewendet, d. h., die Graphen der Sinus- bzw. Kosinusfunktionen sind
- in y-Richtung gestreckt oder gestaucht und/oder
- in x-Richtung gestreckt oder gestaucht und/oder
- in x-Richtung verschoben und/oder
- in y-Richtung verschoben.

Hierfür werden bis zu vier Parameter $a, b \in \mathbb{R} \setminus \{0\}$; $c, d \in \mathbb{R}$ eingesetzt.

> Für alle $a, b \in \mathbb{R} \setminus \{0\}$ und $c, d \in \mathbb{R}$ gilt:
> Sinusfunktion $\mathbf{sin:}\ x \mapsto a \cdot \sin(bx + c) + d$
> Kosinusfunktion $\mathbf{cos:}\ x \mapsto a \cdot \cos(bx + c) + d$
> Wertemenge $W = [-|a| + d; |a| + d]$
> Amplitude $\frac{|a| + d - (-|a| + d)}{2} = \frac{2 \cdot |a|}{2} = |a|$
> Periodenlänge $\left| \frac{2\pi}{b} \right|$

1. $f(x) = -2\sin\left(0,8x + \frac{\pi}{2}\right) + 3$

   Beschreibe die Veränderungen des Funktionsgraphen im Vergleich zur Sinusfunktion und zeichne den Graphen der Funktion.

   Lösung:
   G_f ist in y-Richtung um $|-2| = 2$ gestreckt, die Amplitude beträgt folglich 2.

   G_f ist **um 3 in positive y-Richtung** („oben") verschoben.

   f besitzt die Wertemenge $W = [-|-2| + 3; |-2| + 3] = [1; 5]$.

   $f(x) = -2\sin\left(0,8x + \frac{\pi}{2}\right) + 3$

   $ = -2\sin\left(0,8\left(x + \frac{5}{8}\pi\right)\right) + 3$

   G_f ist an der x-Achse gespiegelt und **um $\frac{5}{8}\pi$ in negative x-Richtung** („links") verschoben.

   Die Periodenlänge beträgt $\left|\frac{2\pi}{0,8}\right| = 2,5\pi$, G_f ist also in x-Richtung gestreckt.

   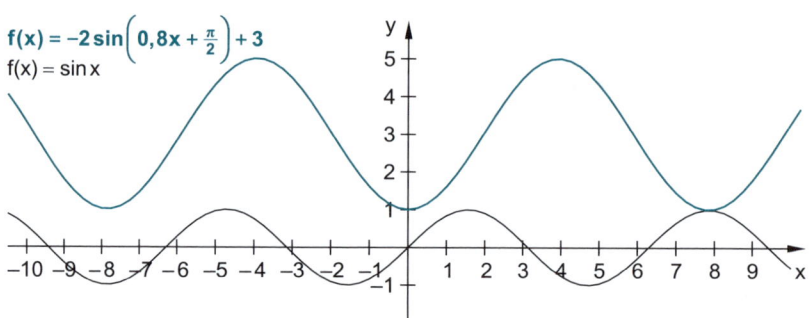

   $f(x) = -2\sin\left(0,8x + \frac{\pi}{2}\right) + 3$
   $f(x) = \sin x$

2. $f(x) = 5,5\cos(6x - 1) - 2$

   Beschreibe die Veränderungen des Funktionsgraphen im Vergleich zur Kosinusfunktion und zeichne den Graphen der Funktion.

   Lösung:
   G_f ist in y-Richtung um $|5,5| = 5,5$ gestreckt, die Amplitude beträgt also 5,5.

   G_f ist **um 2 in negative y-Richtung** („unten") verschoben.

   f besitzt die Wertemenge $W = [-|5,5| + (-2); |5,5| + (-2)] = [-7,5; 3,5]$.

   $f(x) = 5,5\cos(6x - 1) - 2$

   $ = 5,5\cos\left(6\left(x - \frac{1}{6}\right)\right) - 2$

   G_f ist **um $\frac{1}{6}$ in positive x-Richtung** („rechts") verschoben.

   Die Periodenlänge beträgt $\left|\frac{2\pi}{6}\right| = \frac{1}{3}\pi$, G_f ist demnach in x-Richtung gestaucht.

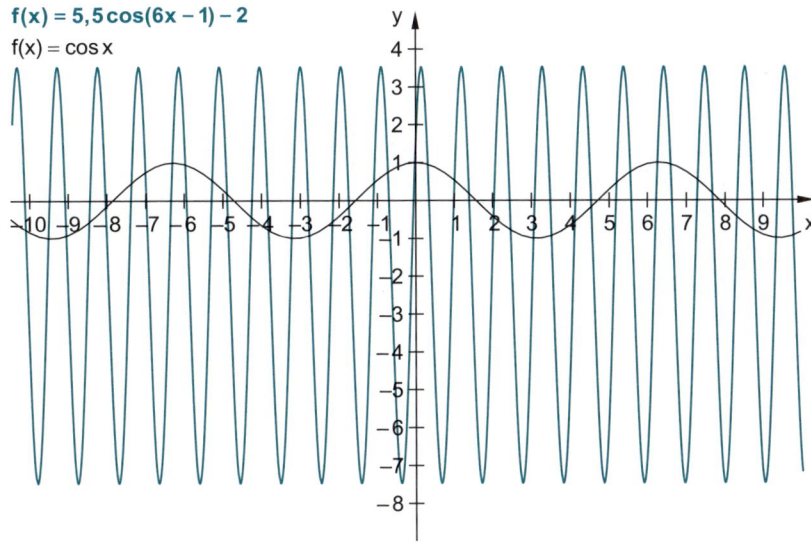

f(x) = 5,5cos(6x − 1) − 2

f(x) = cos x

16 Zeichne die Graphen der Funktionen jeweils im Bereich [−3; 9].

Hinweis: Mithilfe des Taschenrechners lassen sich Wertetabellen anzeigen. Stelle dazu den Taschenrechner auf TABLE um, gib den Funktionsterm f(x) ein, bestimme das Intervall der x-Werte (START?, END?) und den Abstand der aufeinanderfolgenden x-Werte (STEP?). Bestätige jeweils mit dem „="-Zeichen.

a) $f(x) = \frac{1}{2}\sin(3x)$

b) $f(x) = 4\cos(x + 2)$

c) $f(x) = 3\sin x - 1,5$

d) $f(x) = \cos(4x - \pi) + 2$

e) $f(x) = \frac{3}{2}\sin\left(\frac{1}{3}x + \frac{\pi}{2}\right)$

f) $f(x) = 2\cos(3x - 4) - 1$

17 Bestimme rechnerisch die Periodenlänge und Amplitude der Funktionen.

a) $f(x) = 1,5\sin(2x + 3) - 7$

b) $f(x) = 3\cos(x - 1) + 1$

c) $f(x) = 5\sin(0,2x + 12)$

d) $f(x) = -\cos(7x - 6) + 5$

e) $f(x) = -0,1 \cdot \sin\left(-\frac{2}{3}x + \pi\right) + 5,4$

f) $f(x) = -\pi - \frac{13\pi}{15}\cos\left(\frac{1}{2} - x\right)$

18 Bei den gezeichneten Funktionsgraphen

f(x) = a · sin(bx + c) + d oder f(x) = a · cos(bx + c) + d

wurden nur ganzzahlige Parameter a, b, c und d (wobei a, b ≠ 0) benutzt.
Finde heraus, welche dies sind.

Hinweis: Beachte hierbei, dass der Punkt (0|0) der markanteste Punkt von
x ↦ sin x und der Punkt (0|1) von x ↦ cos x ist.

a)

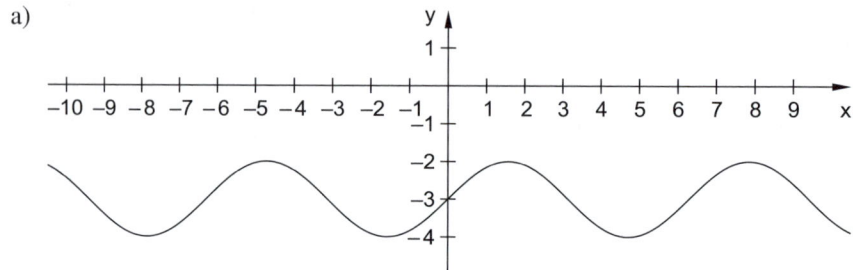

b)

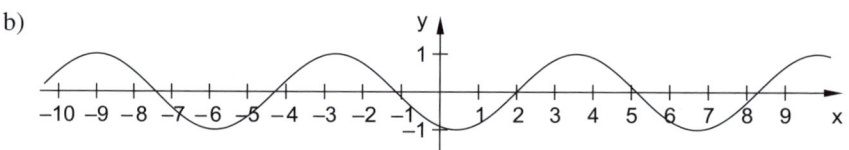

c)

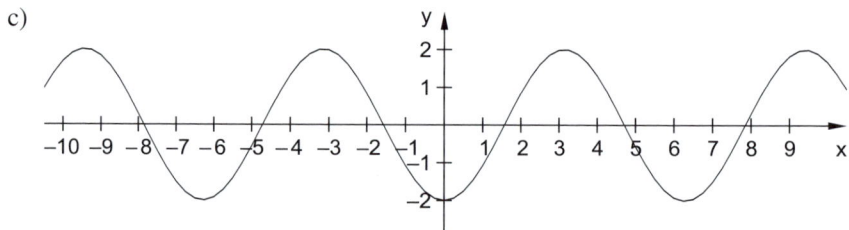

d)

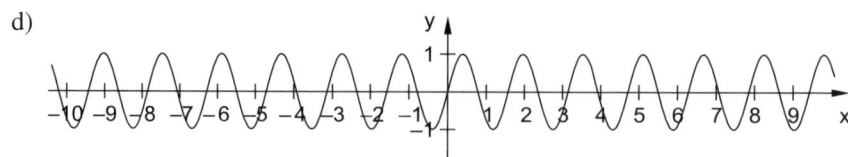

e)

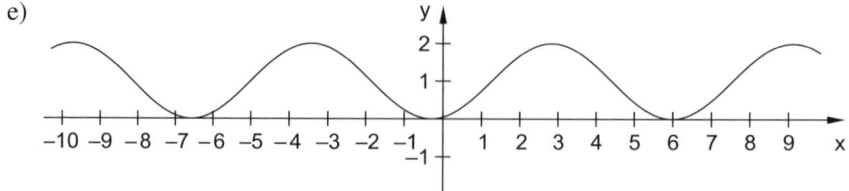

f)

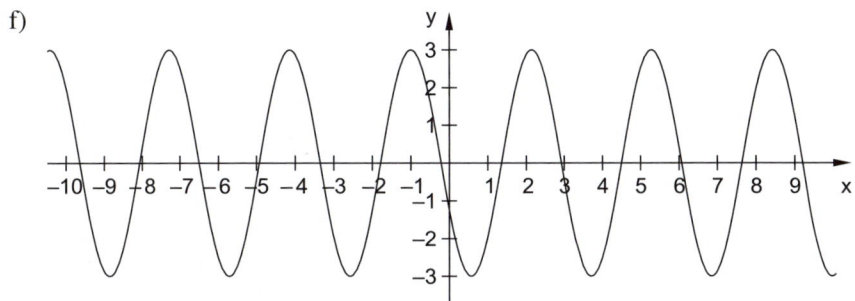

19 Berechne die Nullstellen der folgenden Funktionen.

a) $f(x) = 3\cos(x - \pi)$

b) $f(x) = \pi - 2\sin x$

c) $f(x) = -\frac{3}{10}\cos\left(\frac{\pi}{4}x\right)$

d) $f(x) = -6\sin\left(\frac{1}{5}x - \pi\right)$

Kreis – Berechnungen an Figuren

1 Kreissektoren

Kreissektoren sind Anteile eines Kreises, die von zwei radialen Strecken r und einem Kreisbogen b begrenzt werden. Bei den Beispielen wurden zusätzlich der zugehörige **Mittelpunktswinkel μ** und die **Kreissehne s** eingezeichnet.

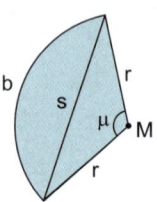 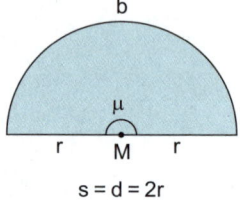 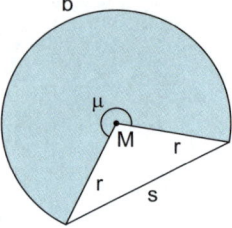

Die Fläche eines Kreissektors A_S berechnet sich aus der Kreisfläche A_K entsprechend als Anteil. Bei vorgegebenem Mittelpunktswinkel μ gilt:

$$A_S = \underbrace{\frac{\mu}{360°}}_{\text{Anteil Winkelmaß}} \cdot A_K$$

$$= \frac{\mu}{360°} \cdot r^2 \pi$$

Bei vorgegebener Kreisbogenlänge b gilt:

$$A_S = \underbrace{\frac{b}{U_K}}_{\text{Anteil Bogenmaß}} \cdot A_K$$

$$= \frac{b}{2r\pi} \cdot r^2 \pi$$

$$= \frac{1}{2} br$$

Fläche des **Kreissektors**:

$$A_S = \frac{\mu}{360°} r^2 \pi \quad \text{bzw.} \quad A_S = \frac{1}{2} br$$

Kreissektoren treten insbesondere als **Mantelflächen** von Kegeln auf:

Kegel (Körper)   **Netz des Kegels**

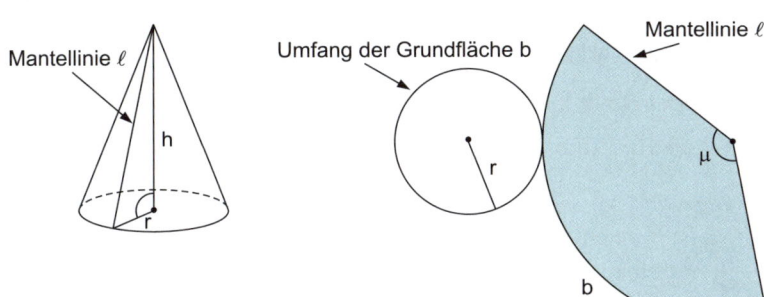

eispiele

1. Berechne den Flächeninhalt eines Kreissektors mit dem Radius $r = 17$ cm und der Bogenlänge $b = 22$ cm.

   Lösung:
   Bei dieser Aufgabenstellung kann direkt in die Flächenformel $A_S = \frac{1}{2}br$ eingesetzt werden:

   $$A_S = \frac{1}{2}\mathbf{br}$$
   $$= \frac{1}{2} \cdot \mathbf{22 \text{ cm}} \cdot \mathbf{17 \text{ cm}}$$
   $$= 187 \text{ cm}^2$$

2. Berechne den Radius des Kreissektors, wenn der Mittelpunktswinkel $\mu = 210°$ und der Flächeninhalt $A_S = 210$ dm^2 beträgt.

   Lösung:
   Um diese Aufgabe zu lösen, muss die Flächenformel $A_S = \frac{\mu}{360°}r^2\pi$ zuerst nach der gesuchten Größe r aufgelöst werden:

   $$A_S = \frac{\mu}{360°}r^2\pi \qquad \Big| \cdot \frac{360°}{\mu}$$
   $$A_S \cdot \frac{360°}{\mu} = r^2\pi \qquad | : \pi$$
   $$\frac{A_S}{\pi} \cdot \frac{360°}{\mu} = r^2 \qquad | \sqrt{}$$
   $$\pm\sqrt{\frac{A_S}{\pi} \cdot \frac{360°}{\mu}} = r$$

   Von den zwei theoretischen Lösungen für den Radius r muss die negative ausgeschlossen werden, da **Längen immer positiv** sind. Somit erhält man für den Radius:

   $$r = \sqrt{\frac{A_S}{\pi} \cdot \frac{360°}{\mu}}$$

Man setzt in diese Gleichung die gegebenen Größen ein:

$$r = \sqrt{\frac{A_S}{\pi} \cdot \frac{360°}{\mu}} = \sqrt{\frac{210\,\text{dm}^2}{\pi} \cdot \frac{360°}{210°}}$$

$$= \sqrt{\frac{360\,\text{dm}^2}{\pi}} = \sqrt{\frac{360}{\pi}}\,\text{dm}$$

Sofern es verlangt wird, kann das Ergebnis auch gerundet werden:

$$r = \sqrt{\frac{360}{\pi}}\,\text{dm} \approx 10,70\,\text{dm}$$

Anmerkung:
Manchmal ist es leichter, erst die gegebenen Größen in die Flächenformel $A_S = \frac{\mu}{360°}r^2\pi$ einzusetzen, dann zu vereinfachen und schließlich nach der gesuchten Größe schrittweise aufzulösen:

$$A_S = \frac{\mu}{360°}r^2\pi \qquad \big|\,\text{Einsetzen}$$

$$\mathbf{210\,dm^2} = \frac{\mathbf{210°}}{360°}r^2\pi \qquad \big|\,\text{Kürzen}$$

$$210\,\text{dm}^2 = \frac{7}{12}r^2\pi \qquad \big|\,\text{Auflösen und Vereinfachen}$$

$$210\,\text{dm}^2 \cdot \frac{12}{7} = r^2\pi$$

$$360\,\text{dm}^2 = r^2\pi$$

$$\frac{360\,\text{dm}^2}{\pi} = r^2$$

$$r = \sqrt{\frac{360}{\pi}}\,\text{dm}$$

3. Bestimme den fehlenden Radius r_2 so, dass beide Kreissektoren flächengleich sind.

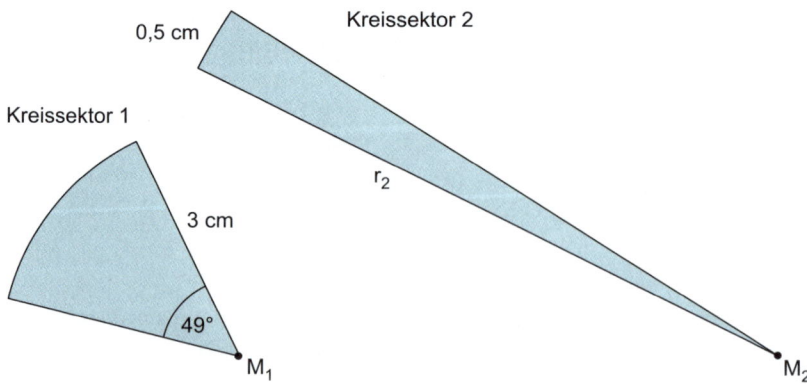

Lösung:
Die Fläche des Kreissektors 1 kann durch Einsetzen in die Formel
$A_S = \frac{\mu}{360°} r^2 \pi$ berechnet werden:

$$A_{S_1} = \frac{\mu_1}{360°} r_1^2 \pi$$

$$= \frac{49°}{360°} (3\text{ cm})^2 \pi$$

$$= \frac{49}{40} \pi \text{ cm}^2$$

Da die Sektorflächen gleich sein sollen, gilt:
$$A_{S_1} = \frac{49}{40} \pi \text{ cm}^2 = A_{S_2}$$
Somit kann durch Einsetzen in die Flächenformel $A_S = \frac{1}{2} br$ der noch
fehlende Radius r_2 bestimmt werden:

$$A_{S_2} = \frac{1}{2} b_2 r_2 \qquad \Big| \cdot \frac{2}{b_2}$$

$$\frac{2A_{S_2}}{b_2} = r_2$$

$$\Rightarrow \quad r_2 = \frac{2A_{S_2}}{b_2} = \frac{2 \cdot \frac{49}{40} \pi \text{ cm}^2}{0,5 \text{ cm}}$$

$$= \frac{\frac{49}{20} \pi \text{ cm}^2}{0,5 \text{ cm}} = \frac{49}{10} \pi \text{ cm}$$

$$\approx 15,39 \text{ cm}$$

Alternativ:
Eine elegantere Lösung wäre durch den allgemeinen Ansatz der Flächengleichheit $A_{S_1} = A_{S_2}$ und das Auflösen nach der unbekannten Größe r_2
möglich:

$$A_{S_1} = A_{S_2}$$

$$\frac{\mu_1}{360°} r_1^2 \pi = \frac{1}{2} b_2 r_2 \qquad \Big| \cdot \frac{2}{b_2}$$

$$\frac{\mu_1}{360°} r_1^2 \pi \cdot \frac{2}{b_2} = r_2$$

$$\Rightarrow \quad r_2 = \frac{\mu_1}{180°} \cdot \frac{r_1^2 \pi}{b_2}$$

In diese Formel können dann die gegebenen Größen eingesetzt werden.

$$r_2 = \frac{\mu_1}{180°} \cdot \frac{r_1^2 \pi}{b_2}$$

$$= \frac{49°}{180°} \cdot \frac{(3\text{ cm})^2 \pi}{0,5 \text{ cm}}$$

$$= \frac{49}{10} \pi \text{ cm}$$

20 Berechne die exakten Flächeninhalte der Kreissektoren. Runde anschließend gegebenenfalls das Ergebnis sinnvoll.

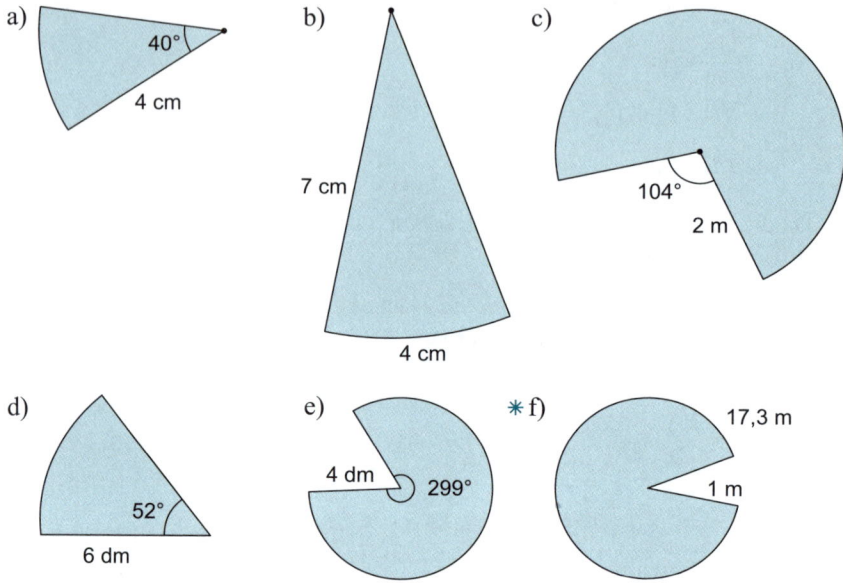

a) 40° 4 cm

b) 7 cm 4 cm

c) 104° 2 m

d) 52° 6 dm

e) 4 dm 299°

∗f) 17,3 m 1 m

21 Wie groß muss der Radius r_1 sein, damit die Fläche des Kreissektors mit dem Mittelpunkt M_2 10-mal so groß wie die Fläche des zu M_1 gehörenden Sektors ist?

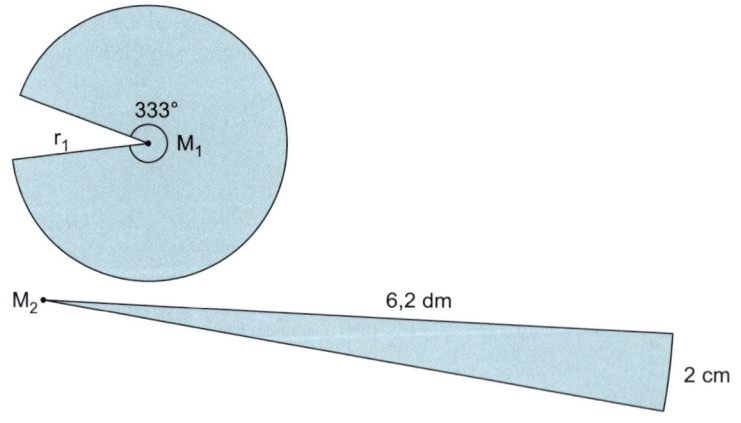

333° r_1 M_1

M_2 6,2 dm 2 cm

22 Die folgenden Kreissektoren besitzen jeweils einen Flächeninhalt $A_S = 1\ m^2$. Bestimme den Mittelpunktswinkel μ, wenn Folgendes gegeben ist:

a) der Radius $r = 60$ cm

b) die Bogenlänge $b = 3{,}24$ m

23 Bestimme die fehlenden Größen des Kreissektors. Gib alle Ergebnisse exakt und als
Näherung an.

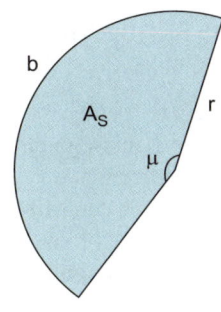

	A_S	b	r	μ
a)			7 cm	24°
b)		7 cm	24 cm	
c)	7 dm²	24 cm		
d)	24 cm²			7°

24 Gegeben ist ein Quadrat mit der Seitenlänge
3 cm.
Zeichne drei zum Quadrat flächengleiche
Kreissektoren und wähle hierfür Mittelpunktswinkel aus folgenden Bereichen:
$$0° < \mu_1 < 90°$$
$$90° < \mu_2 < 180°$$
$$180° < \mu_3 < 270°$$

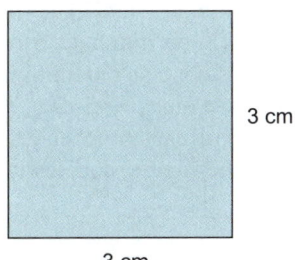

3 cm

3 cm

* **25** Wie groß müssen die Mittelpunktswinkel
μ_1 und μ_2 sein, damit flächengleiche Kreissektoren entstehen?

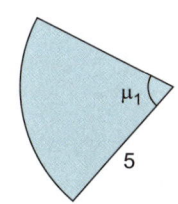

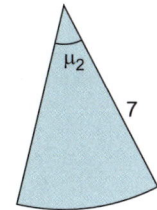

2 Kreissegmente

Jede Sehne s teilt einen
Kreis in zwei Kreissegmente, denen entsprechende
Kreissektoren mit den Mit-
telpunktswinkeln μ_1 bzw. μ_2
zugeordnet werden können.

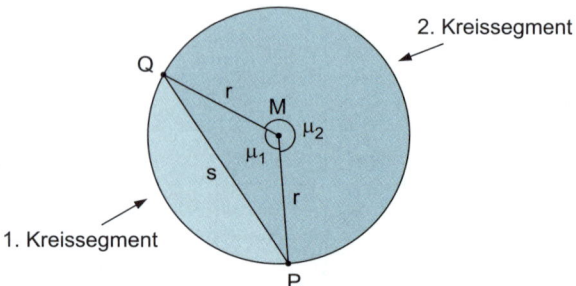

2. Kreissegment

1. Kreissegment

Die Endpunkte P und Q der Sehne s und der Mittelpunkt M des Kreises teilen den
gesamten Kreis durch die Strecken [MP] und [MQ] in zwei Kreissektoren.
Damit besteht also ein unmittelbarer **Zusammenhang zwischen Sektoren und
Segmenten** eines Kreises.
Trotz des offensichtlichen Zusammenhangs $\mu_1 + \mu_2 = 360°$ erleichtert eine Fall-
unterscheidung bei der Bestimmung der Segmentfläche das Verständnis:

Fall 1: $0° < \mu < 180°$
z. B. $\mu = 70°$

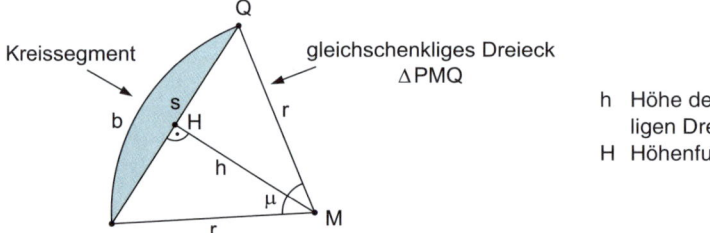

Kreissegment

gleichschenkliges Dreieck
$\triangle PMQ$

h Höhe des gleichschenk-
ligen Dreiecks
H Höhenfußpunkt

Man erhält die Fläche des Kreissegments, indem man von der Fläche des Kreissektors die Fläche des gleichschenkligen Dreiecks $\triangle PMQ$ abzieht:
$A' = A_S - A_D$

Die Fläche A_D erhält man in Abhängigkeit von r und s bzw. vom Mittelpunktswinkel μ:

$$A_D = \tfrac{1}{2} s \sqrt{r^2 - \left(\tfrac{s}{2}\right)^2} \quad \text{bzw.}$$

$$A_D = r^2 \cdot \sin\tfrac{\mu}{2} \cos\tfrac{\mu}{2}$$

Fall 2: $\mu = 180°$

Da die drei Punkte P, M und Q auf einer Geraden liegen, existiert kein gleichschenkliges Dreieck ΔPMQ. Somit ist die Fläche $A_D = 0$ und für den Flächeninhalt des Kreissegments A' gilt die Flächengleichheit mit dem Sektor A_S:

$A' = A_S$

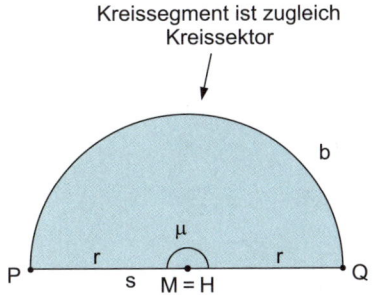

Kreissegment ist zugleich Kreissektor

Fall 3: $180° < \mu < 360°$
z. B. $\mu = 290°$

Wie bereits in Fall 1 gilt für die Fläche des gleichschenkligen Dreiecks A_D:

$$A_D = \frac{1}{2}s\sqrt{r^2 - \left(\frac{s}{2}\right)^2} \quad \text{bzw.}$$

$$A_D = r^2 \cdot \sin\frac{360° - \mu}{2} \cdot \cos\frac{360° - \mu}{2}$$

Jedoch zählt diesmal die Fläche A_D zur Fläche des Kreissegments und geht folglich als Summand ein:

$A' = A_S + A_D$

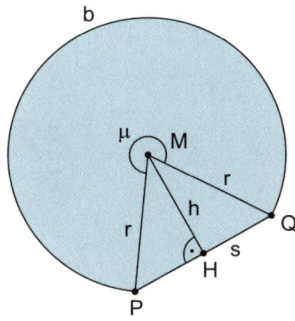

Anmerkung:
Hier könnte auch von der Fläche des Vollkreises die Fläche des Kreissegments mit dem Mittelpunktswinkel $\mu' = 360° - \mu = 360° - 290° = 70°$ subtrahiert werden.

Fläche des **Kreissegments**:

$A' = A_S - A_D$ für $0° < \mu < 180°$

$A' = A_S$ für $\mu = 180°$

$A' = A_S + A_D$ für $180° < \mu < 360°$

mit $A_S = \frac{\mu}{360°}r^2\pi$ bzw. $A_S = \frac{1}{2}br$ und

$A_D = \frac{1}{2}s\sqrt{r^2 - \left(\frac{s}{2}\right)^2}$ bzw. $A_D = r^2 \cdot \sin\frac{\mu}{2}\cos\frac{\mu}{2}$ $(0° < \mu < 180°)$

bzw. $A_D = r^2 \cdot \sin\frac{360° - \mu}{2} \cdot \cos\frac{360° - \mu}{2}$ $(180° < \mu < 360°)$

Überblick:

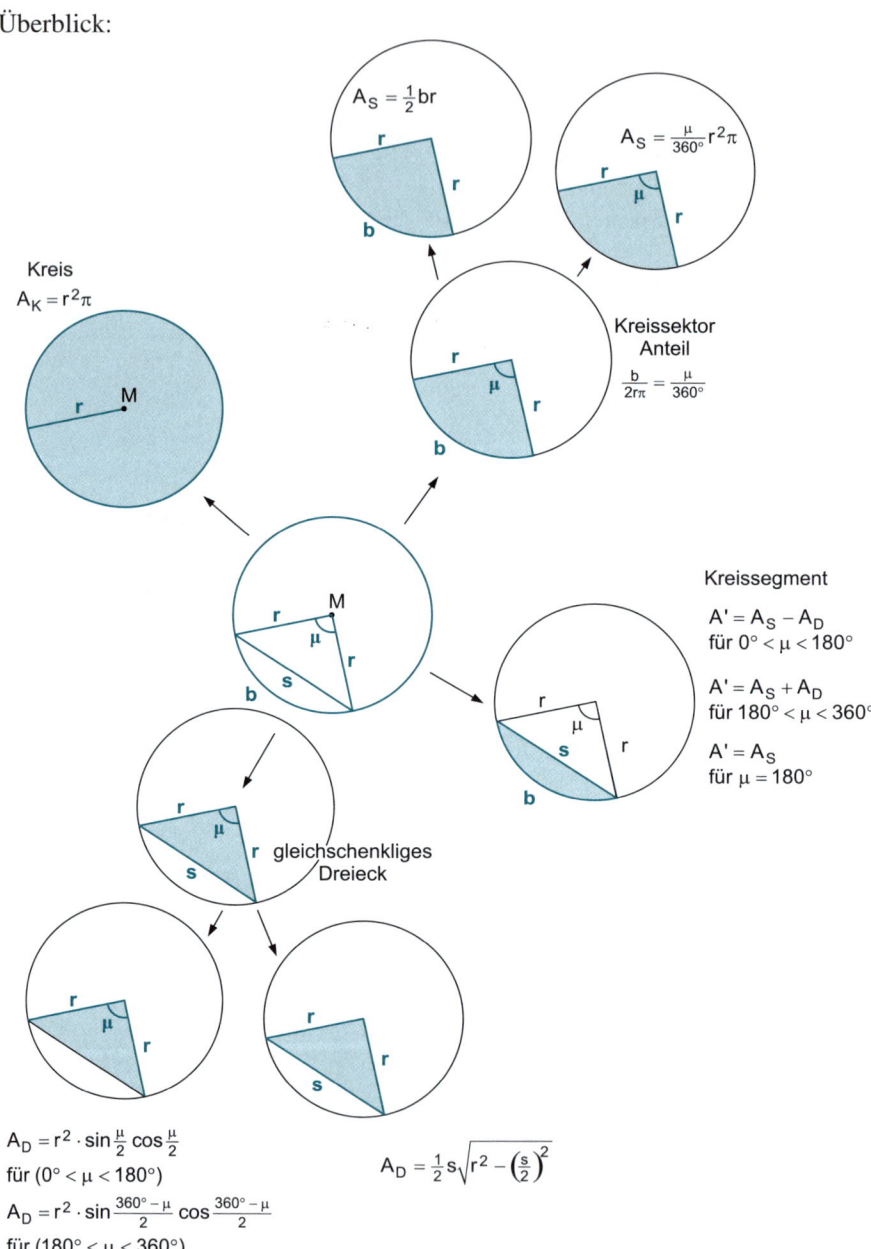

Kreis
$A_K = r^2\pi$

$A_S = \frac{1}{2}br$

$A_S = \frac{\mu}{360°}r^2\pi$

Kreissektor
Anteil

$\frac{b}{2r\pi} = \frac{\mu}{360°}$

Kreissegment

$A' = A_S - A_D$
für $0° < \mu < 180°$

$A' = A_S + A_D$
für $180° < \mu < 360°$

$A' = A_S$
für $\mu = 180°$

gleichschenkliges
Dreieck

$A_D = r^2 \cdot \sin\frac{\mu}{2} \cos\frac{\mu}{2}$
für $(0° < \mu < 180°)$

$A_D = r^2 \cdot \sin\frac{360° - \mu}{2} \cos\frac{360° - \mu}{2}$
für $(180° < \mu < 360°)$

$A_D = \frac{1}{2}s\sqrt{r^2 - \left(\frac{s}{2}\right)^2}$

Beispiele

1. Gegeben sind der Radius $r = 1$ m und die Bogenlänge $b = 1$ m.
   Berechne die Flächen des zugehörigen Kreissektors A_S und des damit beschriebenen Kreissegments A'.

   Lösung:
   Die Kreissektorfläche berechnet sich mithilfe der Formel $A_S = \frac{1}{2}\,br$, indem man die beiden gegebenen Größen einsetzt:

   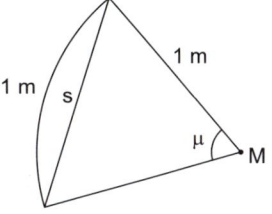

   $$A_S = \frac{1}{2}\,\mathbf{br}$$

   $$= \frac{1}{2}\cdot \mathbf{1\,m}\cdot \mathbf{1\,m}$$

   $$= 0,5\,\mathrm{m}^2$$

   Bei der Berechnung der Fläche des Kreissegments $A' = A_S - A_D$ fehlt bei beiden Formeln für die Bestimmung der Dreiecksfläche

   $$A_D = \frac{1}{2}s\sqrt{r^2 - \left(\frac{s}{2}\right)^2} \quad \text{bzw.} \quad A_D = r^2 \cdot \sin\frac{\mu}{2}\cos\frac{\mu}{2}$$

   jeweils eine Größe s bzw. μ, die erst noch bestimmt werden muss. Der fehlende Mittelpunktswinkel μ kann unproblematisch durch die „Anteilsgleichheit" $\frac{b}{2r\pi} = \frac{\mu}{360°}$ des Kreissektors bestimmt werden. (Die Sehne s kann erst anschließend trigonometrisch $\sin\frac{\mu}{2} = \frac{\frac{s}{2}}{r}$ berechnet werden.)
   Setzt man also $r = 1$ m und $b = 1$ m in die Beziehung $\frac{b}{2r\pi} = \frac{\mu}{360°}$ ein, so ergibt sich:

   $$\frac{\mathbf{1\,m}}{2\cdot \mathbf{1\,m}\cdot \pi} = \frac{\mu}{360°}$$

   $$\frac{1}{2\pi} = \frac{\mu}{360°} \qquad |\cdot 360°$$

   $$\mu = \frac{1}{2\pi}\cdot 360°$$

   $$\mu = \frac{180°}{\pi} \qquad\qquad \left(\text{näherungsweise } \mu = \frac{180°}{\pi} \approx 57,30°\right)$$

   Mit diesem Wert muss nun der Flächeninhalt des Segments bestimmt werden:
   $$A' = A_S - A_D$$

   $$= \frac{1}{2}\,br - r^2 \cdot \sin\frac{\mu}{2}\cos\frac{\mu}{2}$$

   $$= 0,5\,\mathrm{m}^2 - (1\,\mathrm{m})^2 \cdot \sin\left(\frac{\frac{180°}{\pi}}{2}\right)\cos\left(\frac{\frac{180°}{\pi}}{2}\right)$$

   Nach der Vereinfachung erhält man das exakte Ergebnis:
   $$A' = 0,5\,\mathrm{m}^2 - 1\,\mathrm{m}^2 \cdot \sin\frac{90°}{\pi}\cos\frac{90°}{\pi}$$

   Als Näherung ergibt sich:
   $$A' \approx 0,5\,\mathrm{m}^2 - 1\,\mathrm{m}^2 \cdot (0,4794)\cdot(0,8776) \approx 0,5\,\mathrm{m}^2 - 0,42\,\mathrm{m}^2 = 0,08\,\mathrm{m}^2$$

2. Gegeben sind der Mittelpunktswinkel $\mu = 216°$ und die Länge der Sehne $s = 12,2$ cm.
Berechne die Fläche des entsprechenden Kreissegments A'.

Lösung:

Das Kreissegment A' setzt sich additiv aus der Sektorfläche A_S und der Dreiecksfläche A_D zusammen:

$$A' = A_S + A_D$$

Für das Einsetzen in die Flächenformeln fehlt noch der zu bestimmende Radius r. Mithilfe der Beziehung

$$\sin \alpha = \frac{\text{Gegenkathete}}{\text{Hypotenuse}}$$ im rechtwinkligen Dreieck geht dies wie folgt:

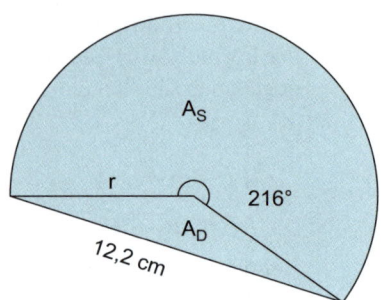

$$\sin \frac{360° - \mu}{2} = \frac{\frac{s}{2}}{r}$$

$$\sin 72° = \frac{6,1\,\text{cm}}{r}$$

$$r = \frac{6,1\,\text{cm}}{\sin 72°}$$

$$r \approx 6,41\,\text{cm}$$

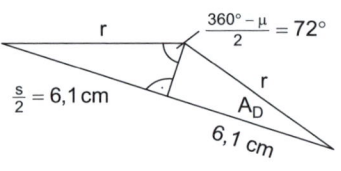

Die Sektorfläche berechnet sich nun wie folgt:

$$A_S = \frac{\mu}{360°} \cdot r^2 \pi$$

$$= \frac{216°}{360°} \left(\frac{6,1\,\text{cm}}{\sin 72°} \right)^2 \cdot \pi$$

$$= \frac{3}{5} \left(\frac{6,1\,\text{cm}}{\sin 72°} \right)^2 \cdot \pi$$

$$\approx 77,5\,\text{cm}^2$$

Die Dreiecksfläche A_D berechnet sich z. B. wie folgt:

$$A_D = r^2 \cdot \sin \frac{360° - \mu}{2} \cdot \cos \frac{360° - \mu}{2}$$

$$= \left(\frac{6,1\,\text{cm}}{\sin 72°} \right)^2 \cdot \sin \frac{360° - 216°}{2} \cdot \cos \frac{360° - 216°}{2}$$

$$= \left(\frac{6,1\,\text{cm}}{\sin 72°} \right)^2 \cdot \sin 72° \cdot \cos 72°$$

$$= \frac{(6,1\,\text{cm})^2}{\sin 72°} \cdot \cos 72°$$

$$\approx 12,1\,\text{cm}^2$$

Näherungsweise liefert der umständliche exakte Term der Segmentfläche folgenden Wert:

$$A' = A_S + A_D \approx 77,5\,\text{cm}^2 + 12,1\,\text{cm}^2 = 89,6\,\text{cm}^2$$

26 Berechne die exakten Flächeninhalte der Kreissegmente. Runde anschließend gegebenenfalls das Ergebnis sinnvoll.

a)
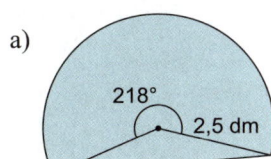

b)
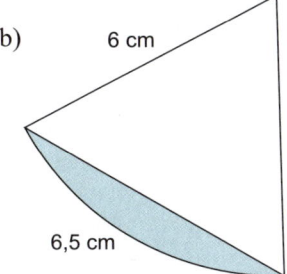

c)
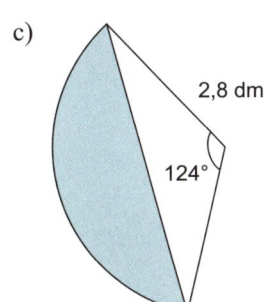

d)
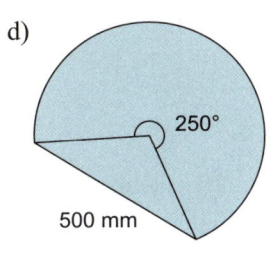

27

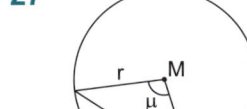 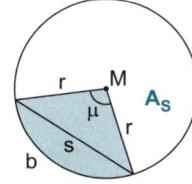 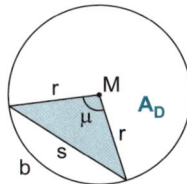 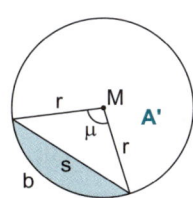

Berechne die fehlenden Werte in der Tabelle. Runde auf zwei Dezimalen nach dem Komma.

	r	μ	b	s	A_S	A_D	A'
a)	3 cm		2,8 cm				
b)		140°			1 m^2		
c)	7 cm	310°					
*d)	16 m					16 mm^2	

28 Die drei Schüler Anna, Benno und Clara
wollen sich eine große Pizza (Durchmesser d = 36 cm; Randbreite b = 2 cm) teilen.
Clara isst gerne Pizzarand und macht
folgenden Vorschlag zum Teilen:
„Wir vierteln (Kreissektoren) die Pizza
und schneiden dann die Ränder gerade ab;
ihr nehmt jeweils zwei Viertel und ich die
Ränder."

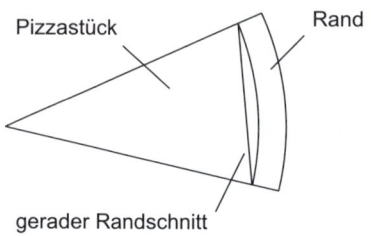

a) Bekommt Clara (flächenmäßig) mehr Pizza als Anna oder Benno?

b) Wie ändert sich die Aufteilung, wenn die Pizza gesechstelt wird?

29 Berechne den prozentualen Anteil des Kreissegments am Kreissektor für den
Mittelpunktswinkel μ.

a) $\mu = 60°$

b) $\mu = 90°$

c) $\mu = 180°$

d) $\mu = 200°$

✶ 30 Ein Rohr aus Aluminium (Dichte
$\rho = 2,7 \, \frac{g}{cm^3}$) mit dem Außendurch-
messer d = 31 mm und dem Innen-
durchmesser d' = 21 mm soll auf gan-
zer Länge ℓ = 3,80 m an einer Seite um
3 mm glattgefräßt werden, um eine
stabile Montage an einem Grundträger
zu ermöglichen.
Wie viel Masse Aluminium geht als
Abfall verloren?

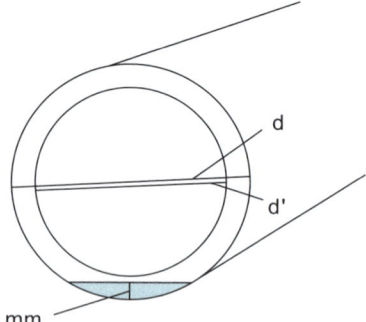

✳ **31** Anton drittelt eine Torte mit zwei geraden Schnitten und teilt sie damit in vermeintlich gleich große Portionen.

Die nachträgliche Vermessung der Torte ergibt im Rahmen der Messgenauigkeit folgende Werte:

Durchmesser der Torte $d = 28$ cm

Länge der Schnitte $s = s' = 27$ cm

Bogenlänge $b' = 16$ cm

Teilt Anton gerecht? Beurteile kritisch.

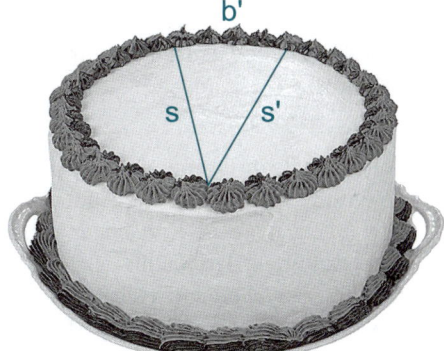

3 Kreisbogenfiguren

Hierbei handelt es sich um Figuren, die aus Kreisen, Kreisbögen und Strecken zusammengesetzt sind.

> Bei der **Bestimmung des Flächeninhalts und des Umfangs** erweist es sich als
> günstig, wenn auf die folgenden Dinge geachtet wird:
> - Suche den zum Kreisbogen gehörenden Mittelpunkt und zeichne ihn ein.
> - Bestimme den Radius des Kreisbogens.
> - Trage weitere hilfreiche Strecken ein, z. B. Sehnen oder Seiten von Vielecken.
> - Bestimme die Größe des Mittelpunktswinkels. Achte dabei auf trigonometrische Beziehungen.
> - Oft kann eine Symmetrieeigenschaft ausgenutzt werden, um mehrere Teilflächen oder Längen gleichzeitig auszurechnen.

Da das Vorgehen aber keinem festen Vorgehen unterworfen ist, sollen an dieser
Stelle zwei ausführliche Beispiele dazu motivieren, die Kreisbogenfiguren der
Aufgaben zu analysieren.

Beispiele
1. Berechne Flächeninhalt und Umfang der Kreisbogenfigur, wenn jedes
quadratische Kästchen die Länge 0,5 cm besitzt.

Lösung:

Die gegebene Figur muss zuerst so ergänzt werden, dass die Kreismittelpunkte M_1 und M_2 und die entsprechenden Radien $r = 5$ cm erkennbar
sind. Darüber hinaus ist es hilfreich, wenn weitere Hilfslinien, Sehnen
oder Winkel eingezeichnet und beschriftet werden. Die Berechnungen
werden dadurch transparent.

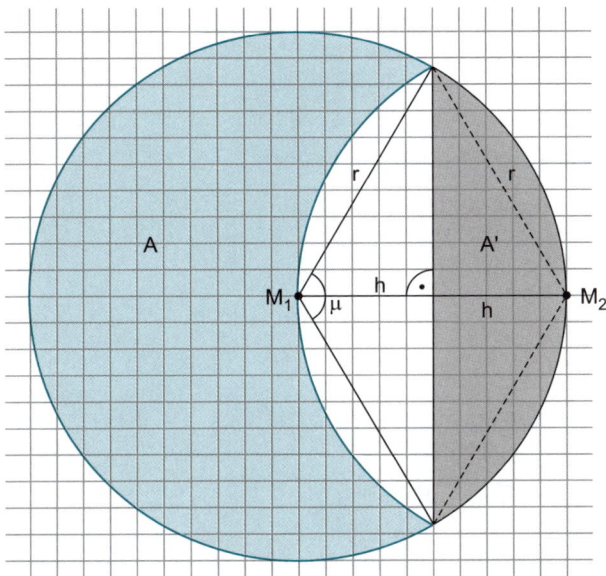

Berechnung der Fläche A:

Die Fläche A besteht aus der Differenz des Kreises um M_1 mit dem
Radius $r = 5$ abzüglich des doppelten Kreissegmentes A':

$$A = (5 \text{ cm})^2 \pi - 2A'$$

Zu berechnen bleibt also noch die Fläche A'.

Da der Kreis um M_2 ebenfalls den Radius 5 cm aufweist, sind die beiden
Höhen h gleich lang: $h = 2{,}5$ cm.

Der Mittelpunktswinkel μ berechnet sich z. B. mithilfe des Kosinus im
rechtwinkligen Dreieck:

$$\cos\frac{\mu}{2} = \frac{h}{r}$$

$$\cos\frac{\mu}{2} = \frac{2{,}5}{5}$$

$$\cos\frac{\mu}{2} = 0{,}5$$

$$\frac{\mu}{2} = 60°$$

$$\mu = 120°$$

Somit kann die Fläche des Kreissegments **A'** bestimmt werden:

$$A' = A_S - A_D$$

$$= \frac{\mu}{360°} r^2 \pi - r^2 \cdot \sin\frac{\mu}{2} \cos\frac{\mu}{2}$$

$$= \frac{120°}{360°} (5\,\text{cm})^2 \pi - (5\,\text{cm})^2 \cdot \sin 60° \cos 60°$$

$$= \frac{25}{3} \pi\,\text{cm}^2 - 25\,\text{cm}^2 \cdot \frac{\sqrt{3}}{2} \cdot \frac{1}{2}$$

$$= \frac{25}{3} \pi\,\text{cm}^2 - \frac{25\sqrt{3}}{4}\,\text{cm}^2$$

Der Taschenrechner liefert hierfür den Näherungswert $A' \approx 15{,}35\,\text{cm}^2$.

Die gesuchte Fläche A hat somit die Größe:

$$A = (5\,\text{cm})^2 \pi - 2\left(\frac{25}{3} \pi\,\text{cm}^2 - \frac{25\sqrt{3}}{4}\,\text{cm}^2 \right)$$

$$= 25\pi\,\text{cm}^2 - \frac{50}{3} \pi\,\text{cm}^2 + \frac{25\sqrt{3}}{2}\,\text{cm}^2$$

$$= \frac{25}{3} \pi\,\text{cm}^2 + \frac{25\sqrt{3}}{2}\,\text{cm}^2$$

$$\approx 47{,}83\,\text{cm}^2$$

Berechnung des Umfangs:

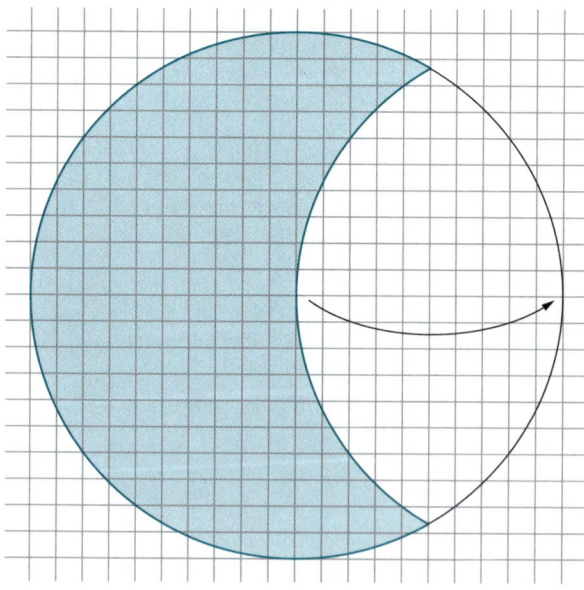

Der nach innen gestülpte Bogen entspricht der Länge des entsprechenden Kreisbogenstückes, sodass der gesamte Umfang der Kreisbogenfigur mit dem Kreisumfang identisch ist.

$U = 2r\pi$

$\quad = 2 \cdot 5\,\text{cm} \cdot \pi$

$\quad = 10\pi\,\text{cm}$

$\quad \approx 31,42\,\text{cm}$

2. Berechne Flächeninhalt und Umfang der Kreisbogenfigur.

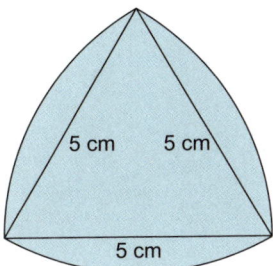

Lösung:
Die Figur ist auf Grundlage eines gleichseitigen Dreiecks gezeichnet worden, wobei die Kreismittelpunkte die Ecken des Dreiecks sind und der Radius 5 cm beträgt. Die Innenwinkel eines gleichseitigen Dreiecks besitzen stets die Größe 60°, sodass die **Mittelpunktswinkel $\mu = 60°$** betragen.

Berechnung der Fläche A:

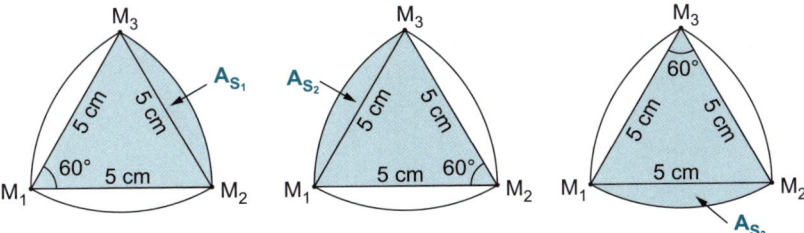

Für die Bestimmung der Fläche addiert man dreimal die Fläche der gleich großen Kreissektoren. Da hierbei die Fläche des gleichseitigen Dreiecks dreimal gezählt wurde, subtrahiert man anschließend diese Fläche zweimal:

$A = 3 \cdot A_S - 2 \cdot A_D$

Mithilfe des Satzes des Pythagoras gewinnt man die Formel für die Höhe eines gleichseitigen Dreiecks mit der Seitenlänge 5 cm:

$$h^2 = (5\,\text{cm})^2 - \left(\tfrac{5}{2}\,\text{cm}\right)^2$$

$$h^2 = 25\,\text{cm}^2 - \tfrac{25}{4}\,\text{cm}^2$$

$$h^2 = \tfrac{75}{4}\,\text{cm}^2$$

$$h = \tfrac{5\,\text{cm}}{2}\sqrt{3}$$

Somit gilt:

$$A = 3 \cdot A_S - 2 \cdot A_D$$

$$= 3 \cdot \tfrac{\mu}{360°} \cdot (5\,\text{cm})^2\pi - 2 \cdot \tfrac{1}{2} \cdot 5\,\text{cm} \cdot h$$

$$= 3 \cdot \tfrac{60°}{360°} \cdot (5\,\text{cm})^2\pi - 2 \cdot \tfrac{1}{2} \cdot 5\,\text{cm} \cdot \left(\tfrac{5\,\text{cm}}{2}\sqrt{3}\right)$$

$$= \tfrac{180°}{360°} \cdot 25\,\text{cm}^2\pi - 5\,\text{cm} \cdot \tfrac{5\,\text{cm}}{2}\sqrt{3}$$

$$= \tfrac{1}{2} \cdot 25\,\text{cm}^2\pi - \tfrac{25\,\text{cm}^2}{2}\sqrt{3}$$

$$= 12{,}5\pi\,\text{cm}^2 - 12{,}5\sqrt{3}\,\text{cm}^2$$

$$\approx 17{,}62\,\text{cm}^2$$

Berechnung des Umfangs:
Die Regelmäßigkeit der Figur erleichtert die Berechnung des Umfangs dadurch, dass der Kreisbogen b_1 dreimal vorkommt.
Mit dem bereits bekannten Mittelpunktswinkel von 60° erhält man:

$$U = \mathbf{3 \cdot b_1} = 3 \cdot \tfrac{\mu}{360°} \cdot 2 \cdot 5\,\text{cm} \cdot \pi$$

$$= 3 \cdot \tfrac{60°}{360°} \cdot 2 \cdot 5\,\text{cm} \cdot \pi$$

$$= \tfrac{1}{2} \cdot 2 \cdot 5\,\text{cm} \cdot \pi$$

$$= 5\pi\,\text{cm}$$

$$\approx 15{,}71\,\text{cm}$$

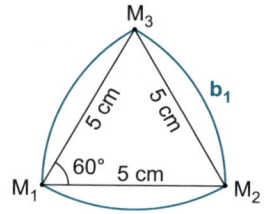

32 Berechne Flächeninhalt und Umfang
der Kreisbogenfigur, wenn jedes
quadratische Kästchen die Länge
0,5 cm besitzt.

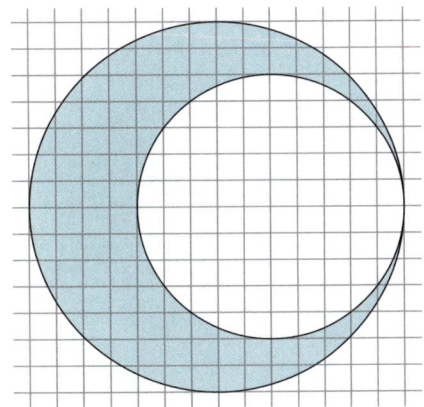

33 Berechne Flächeninhalt und Umfang
der Kreisbogenfigur, wenn jedes
quadratische Kästchen die Länge
0,5 cm besitzt.

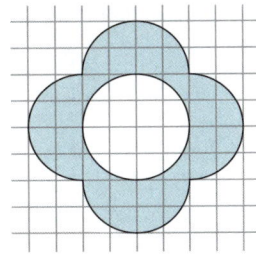

34 Berechne Flächeninhalt und Umfang
der Kreisbogenfigur, wenn jedes
quadratische Kästchen die Länge
0,5 cm besitzt.

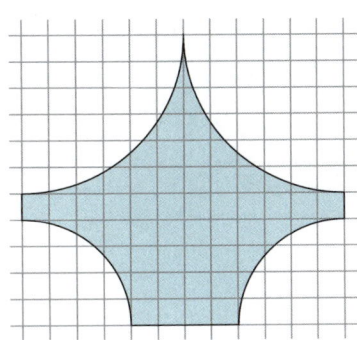

35 Berechne Flächeninhalt und Umfang der Kreisbogenfigur, wenn jedes quadratische Kästchen die Länge 0,5 cm besitzt.

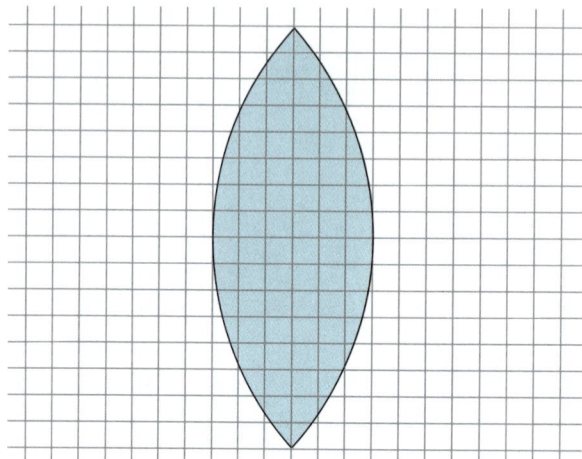

✳ **36** Berechne Flächeninhalt und Umfang der Kreisbogenfigur, wenn jedes quadratische Kästchen die Länge 0,5 cm besitzt.

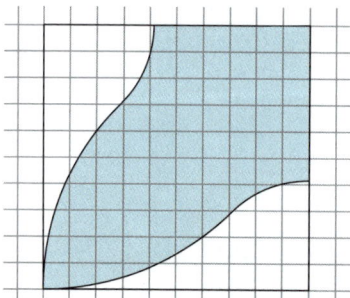

Kugel

1 Volumen

Eine Kugel ist ein Körper, für den gilt, dass alle Punkte der Kugel von einem Mittelpunkt M den gleichen Abstand r, den Radius der Kugel, haben. Die Kugel kann auch als ein Rotationskörper verstanden werden, der entsteht, wenn man einen Kreis um seinen Durchmesser rotieren lässt.

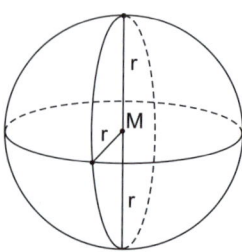

Volumen einer Kugel mit dem Radius r:

$$V = \frac{4}{3} r^3 \pi$$

Beispiele

1. Berechne das Volumen einer Styroporkugel mit dem Durchmesser $d = 12$ cm und bestimme ihre Masse (Dichte von Styropor $\rho = 0,04 \frac{g}{cm^3}$).

   Lösung:

   Aus dem Durchmesser ergibt sich der Kugelradius:

   $$r = \frac{1}{2} d = 6 \text{ cm}$$

   Somit kann das Volumen berechnet werden:

   $$V = \frac{4}{3} r^3 \pi = \frac{4}{3} (6 \text{ cm})^3 \pi$$

   $$= 288\pi \text{ cm}^3$$

   Über den bekannten Zusammenhang zwischen Masse und Volumen eines Körpers $V = \frac{m}{\rho}$ kann nun die Masse m bestimmt werden:

   $$V = \frac{m}{\rho} \implies m = V \cdot \rho = 288\pi \text{ cm}^3 \cdot 0,04 \frac{g}{cm^3}$$

   $$= \frac{288}{25} \pi \text{ g} \approx 36 \text{ g}$$

2. Nach den Regeln des DFB (Deutscher Fußball-Bund e.V.) ist ein Fußball regelkonform, wenn er kugelförmig ist, aus einem geeigneten Material, z. B. Leder, besteht, sich seine Masse auch während des Spiels zwischen 410 g und 450 g bewegt, einen Umfang zwischen 68 cm und 70 cm besitzt etc. Ein für ein Spiel vorgelegter kugelförmiger Lederfußball von 425 g hat ein Volumen von 5 550 cm³.
   Ist der Ball gemäß obiger Kriterien regelkonform?

Lösung:
Für die Fragestellung bleibt alleine zu prüfen, ob der Ball innerhalb **des geforderten Umfangs** bleibt und damit die nötige Größe besitzt.
Aus dem gegebenen Volumen kann der Radius r des Balls berechnet werden:

$$V = \frac{4}{3} r^3 \pi$$

$$5\,550 \text{ cm}^3 = \frac{4}{3} r^3 \pi$$

$$r^3 = \frac{3}{4\pi} \cdot 5\,550 \text{ cm}^3$$

$$r = \sqrt[3]{\frac{3}{4\pi} \cdot 5\,550 \text{ cm}^3}$$

$$r \approx 10,9833 \text{ cm}$$

Da der Umfang des Balls gleich dem Kreisumfang mit dem Radius r ist, berechnet sich dieser zu:

$$U = 2r\pi$$
$$\approx 2 \cdot 10,9833 \text{ cm} \cdot \pi$$
$$\approx 69,0 \text{ cm}$$

Somit handelt es sich bei dem vorgelegten Ball um einen regelkonformen Fußball.

3. Es wird angenommen, dass eine Seifenblase kugelförmig (theoretisch ohne Schwerkraft und Luftreibung denkbar) ist und eine durchschnittliche Wandstärke von 1 Mikrometer ($1 \, \mu\text{m} = 10^{-6} \text{ m}$) hat.
   Bestimme den Durchmesser einer Seifenblase, die aus 2 ℓ Seifenlauge gebildet wird.

   Lösung:
   Das gegebene Volumen und die Dicke der Wandstärke schreibt man am besten in einer Einheit, die für das Rechnen verwertbar ist.

   Hinweise und Tipps:
   Beachte, dass es sich bei der Angabe 2 ℓ Seifenlauge um das Volumen handelt.

Volumen:

$V_{Blase} = 2 \cdot c\ell = 20 \; m\ell$
    $= 20 \; cm^3$

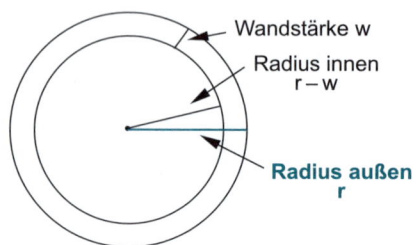

Wandstärke w

Radius innen
r − w

Radius außen
r

Wandstärke:

$w = 1 \, \mu m = 10^{-6} \, m$
    $= 10^{-4} \; cm$

Die Seifenblase besteht aus der Differenz zweier Kugeln. Für das Volumen gilt:

$V_{Blase} = V_{außen} - V_{innen}$

Nach dem Einsetzen bleibt der Außenradius r die einzige unbekannte Größe und kann somit bestimmt werden.

$$V_{Blase} = \tfrac{4}{3} r^3 \pi - \tfrac{4}{3}(r-w)^3 \pi$$

$$20 \; cm^3 = \tfrac{4}{3} r^3 \pi - \tfrac{4}{3}(r-10^{-4} \, cm)^3 \pi \quad | \; ausklammern$$

$$20 \; cm^3 = \tfrac{4}{3} \pi (r^3 - (r-10^{-4} \, cm)^3) \quad | \cdot \tfrac{3}{4\pi}$$

$$20 \; cm^3 \cdot \tfrac{3}{4\pi} = r^3 - (r-10^{-4} \, cm)^3$$

Zur Vereinfachung der rechten Seite wird folgende Nebenrechnung benötigt:

$$(a-b)^3 = (a-b) \cdot (a-b)^2$$
$$= (a-b)(a^2 - 2ab + b^2)$$
$$= a^3 - 2a^2 b + ab^2 - a^2 b + 2ab^2 - b^3$$
$$= a^3 - 3a^2 b + 3ab^2 - b^3$$

Damit gilt:

$$20 \; cm^3 \cdot \tfrac{3}{4\pi} = r^3 - (r^3 - 3 \cdot r^2 \cdot 10^{-4} \, cm + 3 \cdot r \cdot (10^{-4} \, cm)^2 - (10^{-4} \, cm)^3)$$

$$20 \; cm^3 \cdot \tfrac{3}{4\pi} = r^3 - r^3 + 3 \cdot r^2 \cdot 10^{-4} \, cm - 3 \cdot r \cdot (10^{-4} \, cm)^2 + (10^{-4} \, cm)^3$$

$$20 \; cm^3 \cdot \tfrac{3}{4\pi} = 3 \cdot r^2 \cdot 10^{-4} \, cm - 3 \cdot r \cdot (10^{-4} \, cm)^2 + (10^{-4} \, cm)^3$$

$$20 \; cm^3 \cdot \tfrac{3}{4\pi} = 3 \cdot 10^{-4} \, cm \cdot r^2 - 3 \cdot 10^{-8} \, cm^2 \cdot r + 10^{-12} \, cm^3 \quad | -20 \, cm^3 \cdot \tfrac{3}{4\pi}$$

$$0 = 3 \cdot 10^{-4} \, cm \cdot r^2 - 3 \cdot 10^{-8} \, cm^2 \cdot r + 10^{-12} \, cm^3 - 20 \, cm^3 \cdot \tfrac{3}{4\pi}$$

Nach Einsatz des Taschenrechners entsteht näherungsweise die folgende quadratische Gleichung, deren Lösungen r_1 und r_2 mit der Lösungsformel für quadratische Gleichungen $x_{1/2} = \dfrac{-b \pm \sqrt{b^2 - 4ac}}{2a}$ berechnet werden können. Die Berechnung erfolgt ohne Einheiten.

$$3 \cdot 10^{-4} \cdot r^2 - 3 \cdot 10^{-8} \cdot r - 4{,}774648 = 0$$

$$r_{1/2} = \frac{-(-3 \cdot 10^{-8}) \pm \sqrt{(-3 \cdot 10^{-8})^2 - 4 \cdot 3 \cdot 10^{-4} \, (-4{,}774648)}}{2 \cdot 3 \cdot 10^{-4}}$$

$$= \frac{3 \cdot 10^{-8} \pm \sqrt{9 \cdot 10^{-16} + 5{,}729578 \cdot 10^{-3}}}{6 \cdot 10^{-4}}$$

$$= \frac{3 \cdot 10^{-8} \pm 0{,}07569398}{6 \cdot 10^{-4}}$$

$$\Rightarrow \quad r_1 = \frac{3 \cdot 10^{-8} + 0{,}07569398}{6 \cdot 10^{-4}} \approx 126$$

$$r_2 = \frac{3 \cdot 10^{-8} - 0{,}07569398}{6 \cdot 10^{-4}} \approx -126$$

Da nur eine der beiden Lösungen Sinn macht, erhält man einen Radius von 126 cm für die Seifenblase. Der gesuchte Durchmesser der Blase beträgt also 252 cm.

37 Berechne jeweils das Volumen der Kugel, wenn die folgenden Größen gegeben sind. Runde am Ende dein Ergebnis sinnvoll.

a) $r = 8$ cm

b) $r = 90$ m

c) Durchmesser $d = 100$ dm

d) Durchmesser $d = 84$ mm

e) Kugelumfang $U = 94$ m

f) Kugelumfang $U = 16\pi$ cm

38 Berechne die fehlenden Größen einer Kugel in der folgenden Tabelle. Rechne genau und runde anschließend auf zwei Dezimalen nach dem Komma.

	V	r
a)		1 mm
b)	2 cm³	
c)		3 dm
d)	4 m³	
e)		50 m
f)	600 m³	
g)		7 km

39 Berechne das Volumen der dargestellten Körper, die sich aus Kugeln, Halbkugeln und anderen Körpern zusammensetzen. Gib anschließend die Massen an für die Fälle, dass die Körper aus Eis (Dichte $\rho = 0{,}92 \frac{g}{cm^3}$) bzw. aus Eisen (Dichte $\rho = 7{,}9 \frac{g}{cm^3}$) gefertigt werden.

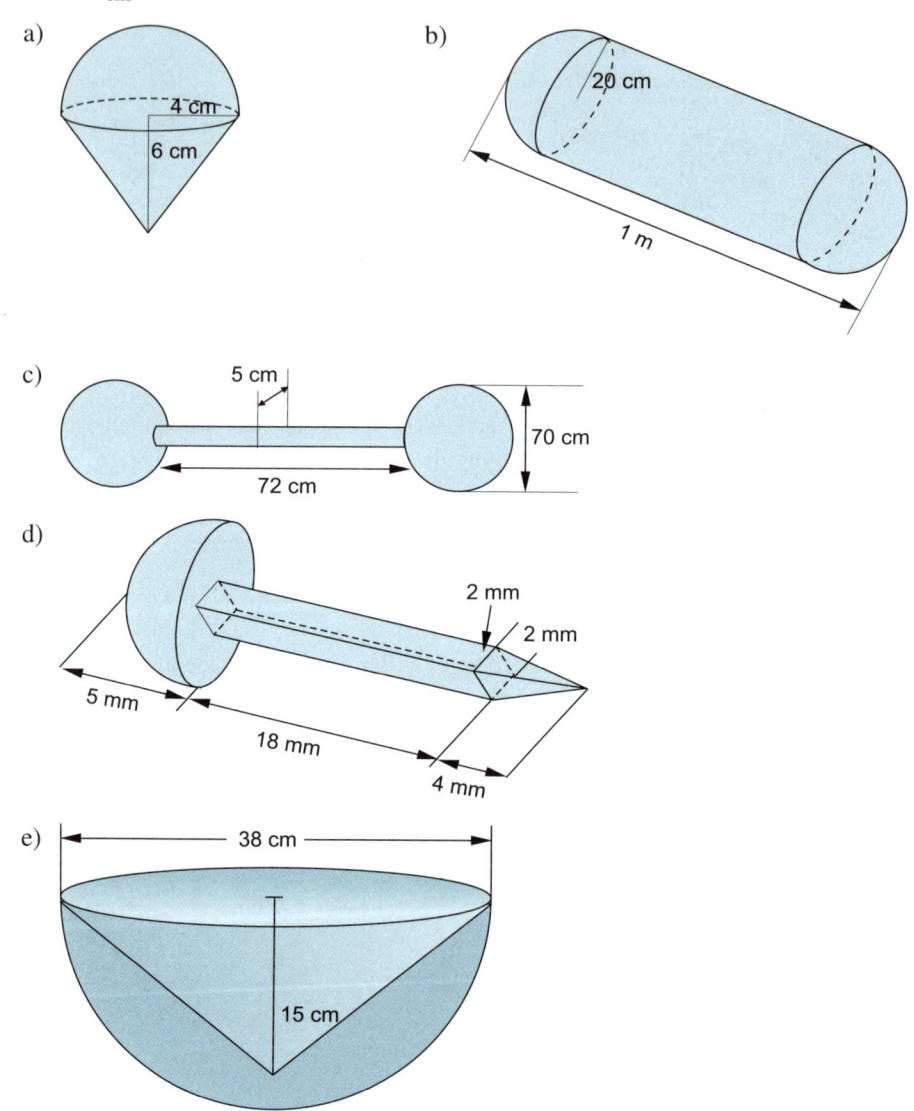

a)

b)

c)

d)

e)

40 Ein Kunstschmied fertigt eine Kette mit reinen Silberkugeln, die verschiedene Durchmesser aufweisen. Die nahezu zylindrischen Bohrlöcher der Kugeln besitzen einen Durchmesser von 0,5 mm. Wie schwer wird diese Kette etwa?

(Dichte Silber $\rho = 10,490 \,\frac{\text{g}}{\text{cm}^3}$)

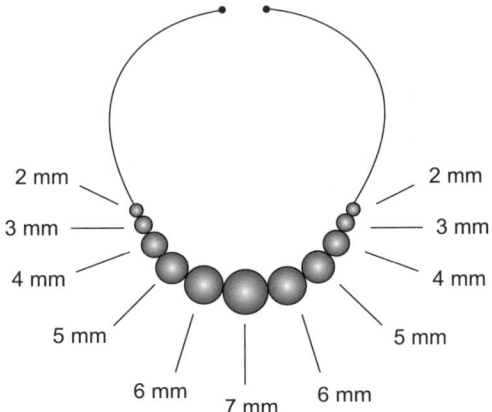

41 Eine Fischzuchtstation ist näherungsweise kugelförmig und hat einen Durchmesser von 19 m.

a) Berechne das Wasservolumen, das theoretisch eingeschlossen werden kann und somit den Fischen als Lebensraum zur Verfügung steht.

b) Welchen Durchmesser hätte ein volumengleicher zylinderförmiger Fischweiher, dessen Wassertiefe 1,50 m beträgt?

42 Wie verändert sich der Durchmesser einer Kugel, wenn sich das Volumen

a) verdreifacht,

b) halbiert?

∗ **43** Für eine Ausstellung soll auf Basis einer Hohlmantelkugel eine Weltkugel gefertigt werden. Der Durchmesser des aus Aluminium gefertigten Kunstwerkes soll 2 m betragen.
Wie dick darf die Wand der Kugel höchstens sein, damit die Kugel eine Masse von 160 kg nicht überschreitet (Dichte Aluminium $\rho = 2,7 \,\frac{\text{g}}{\text{cm}^3}$)?

2 Oberflächeninhalt

Für die Berechnung der Kugeloberfläche stellt
man sich die Oberfläche der Kugel näherungsweise durch das nahtlose Aneinandersetzen
ebener Figuren tangential an die Oberfläche vor.
Beispielsweise bei einem Fußball bestehen die
Waben aus zwölf Fünfecken und zwanzig Sechs-
ecken. In der nebenstehenden Abbildung wurden
als Figuren die Dreiecke G_1 und G_2 gewählt.

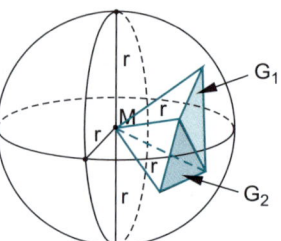

Durch Addition derartiger berechenbarer Flächen
erhält man näherungsweise die Oberfläche der Kugel.

Oberflächeninhalt einer Kugel mit dem Radius r:

$$O = 4r^2\pi$$

Beispiele

1. Eine kugelförmige Christbaumkugel
   (Durchmesser 8 cm) soll mit Künstler-
   farbe gestaltet werden.
   Für wie viel Quadratzentimeter muss die
   Farbe reichen?

   Lösung:
   Die Kugel besitzt den Radius r = 4 cm.
   Damit bestimmt man den Oberflächen-
   inhalt der Kugel:

   $O = 4\mathbf{r}^2\pi$

   $ = 4 \cdot (\mathbf{4\,cm})^2\,\pi$

   $ = 64\pi\,\text{cm}^2$

   $ \approx 201\,\text{cm}^2$

   Die Farbe muss für ca. 201 cm^2 Anstrich
   reichen.

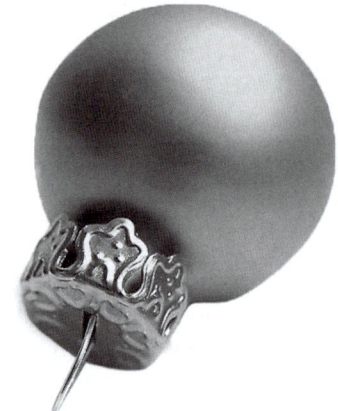

2. Ein Tischtennisball hat einen Durchmesser von 40 mm und ein Gewicht
   von 2,7 g.
   Berechne seinen Oberflächeninhalt.

   Lösung:
   Aus dem gegebenen Durchmesser kann
   unmittelbar der Kugelradius r = 20 mm
   erschlossen werden.

   Hinweise und Tipps:
   Der Oberflächeninhalt ist unabhän-
   gig vom Gewicht. Diese Angabe
   wird daher nicht benötigt.

Diesen Wert setzt man in die Formel $O = 4r^2\pi$ ein und erhält das gesuchte Ergebnis:

$$O = 4\mathbf{r}^2\pi$$
$$= 4 \cdot (\mathbf{20\ mm})^2\,\pi$$
$$= 1\,600\pi\ \text{mm}^2$$
$$\approx 5\,030\ \text{mm}^2$$
$$= 50{,}3\ \text{cm}^2$$

Die Oberfläche eines Tischtennisballs beträgt $50{,}3\ \text{cm}^2$.

3. Welchen Durchmesser darf eine Holzkugel höchstens besitzen, damit die Oberfläche $1\ \text{m}^2$ nicht überschreitet?

   Lösung:

   Die Formel $O = 4r^2\pi$ muss nach dem gesuchten Radius aufgelöst werden:

   Hinweise und Tipps:
   Berechne zunächst den Radius und daraus den Durchmesser.

   $$r^2 = \frac{O}{4\pi}$$

   $$r = \sqrt{\frac{O}{4\pi}}$$

   Nach dem Einsetzen der bekannten Oberfläche erhält man:

   $$r = \sqrt{\frac{\mathbf{O}}{4\pi}}$$

   $$= \sqrt{\frac{\mathbf{1\,m^2}}{4\pi}}$$

   $$= \frac{1}{2}\sqrt{\frac{1}{\pi}}\ \text{m}$$

   $$= \frac{1}{2\pi}\sqrt{\pi}\ \text{m}$$

   $$\approx 0{,}28\ \text{m}$$

   $$= 28\ \text{cm}$$

   Für den maximalen Durchmesser muss gelten:

   $$2 \cdot r = 2 \cdot \frac{1}{2\pi}\sqrt{\pi}\ \text{m}$$

   $$= \frac{1}{\pi}\sqrt{\pi}\ \text{m}$$

   $$\approx 56\ \text{cm}$$

   Der maximale Durchmesser der Holzkugel darf 56 cm nicht überschreiten.

4. Wie verändert sich die Oberfläche einer Kugel, wenn das Volumen verdoppelt wird?

Lösung:

Am übersichtlichsten ist eine Gegenüberstellung der beiden Situationen. Dazu empfiehlt es sich, nach dem Radius in der Volumenformel aufzulösen und diesen in die Oberflächenformel einzusetzen.

	alt	neu
Volumen	V	$V' = 2V$
Radius	$V = \frac{4}{3}r^3\pi$ $r^3 = V \cdot \frac{3}{4\pi}$ $r = \sqrt[3]{V \cdot \frac{3}{4\pi}}$	$r' = \sqrt[3]{V' \cdot \frac{3}{4\pi}}$ $= \sqrt[3]{2V \cdot \frac{3}{4\pi}}$ $= \sqrt[3]{2} \cdot \sqrt[3]{V \cdot \frac{3}{4\pi}}$ $= \sqrt[3]{2} \cdot r$
Oberfläche	$O = 4r^2\pi$	$O' = 4(r')^2\pi$ $= 4 \cdot (\sqrt[3]{2} \cdot r)^2\pi$ $= 4 \cdot \sqrt[3]{4} \cdot r^2\pi$ $= \sqrt[3]{4} \cdot 4r^2\pi$ $= \sqrt[3]{4} \cdot O$

Die Oberfläche vergrößert sich also um das $\sqrt[3]{4}$-Fache, also etwa um das 1,59-Fache.

44 Die Kuppelachterbahn Eurosat im „Europa Park" hat eine Höhe von 45 m. Wie groß ist die Oberfläche der Kuppel, wenn man annimmt, dass es sich dabei um eine vollständige Kugel handelt?

45 Die folgenden Körper sind aus Halbkugeln und anderen Körpern zusammengesetzt. Berechne jeweils den Oberflächeninhalt der Körper.

a)

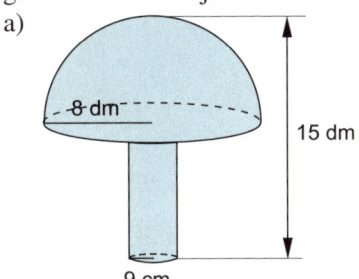

8 dm

15 dm

9 cm

b)

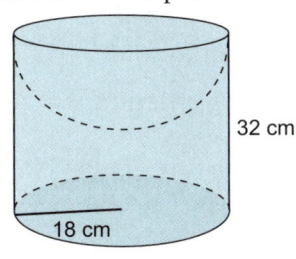

32 cm

18 cm

c)

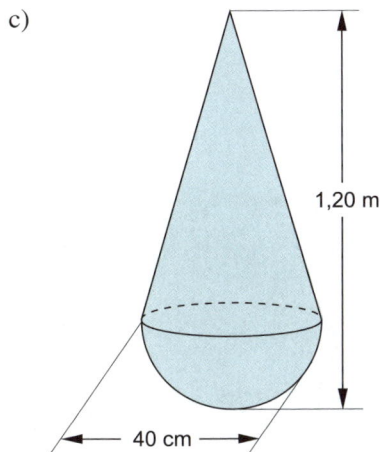

1,20 m

40 cm

d)

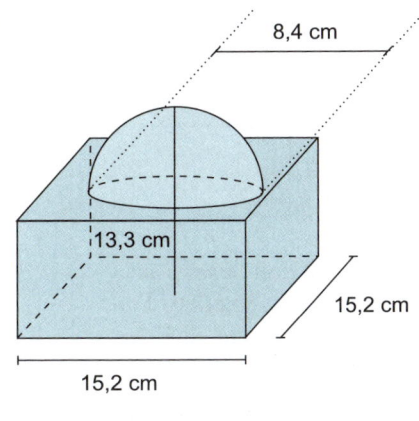

8,4 cm

13,3 cm

15,2 cm

15,2 cm

46 Das vom Künstler Hermann Klein-
knecht 1976–1977 errichtete Kunstwerk „Angehaltene Bewegung (Kugel)" auf dem Forum der Universität
Regensburg hat eine Oberfläche von
ca. 50 m².
Bestimme die Höhe des Kunstwerkes.

47 Wie viele Tennisbälle (Durchmesser 6,51 cm) wären notwendig, um die Fläche
eines 105 m langen und 75,3 m breiten Fußballfelds mit dem Filz der Bälle aus-
zulegen?

48 Wie verändert sich die Oberfläche einer Kugel, wenn

   a) der Radius vervierfacht wird?

   b) der Umfang gedrittelt wird?

✳ c) das Volumen halbiert wird?

49 Berechne die fehlenden Werte einer Kugel in der Tabelle. Rechne exakt und runde das Ergebnis abschließend sinnvoll.

	V	O	r
a)	1 mm^3		
b)		2 cm^2	
c)			3 dm
d)		4 a	
e)	5 km^3		

50 Ein DIN-A4-Heft besteht aus 16 Blättern. Es besitzt etwa die Abmessungen 21 cm und 29,7 cm.

   a) Berechne die Gesamtfläche des Heftes, wenn die Blätter einseitig beschrieben werden.

   b) Ein Schüler möchte statt eines Heftes lieber eine flächengleiche Papierkugel beschreiben. Welchen Durchmesser hätte diese Kugel?

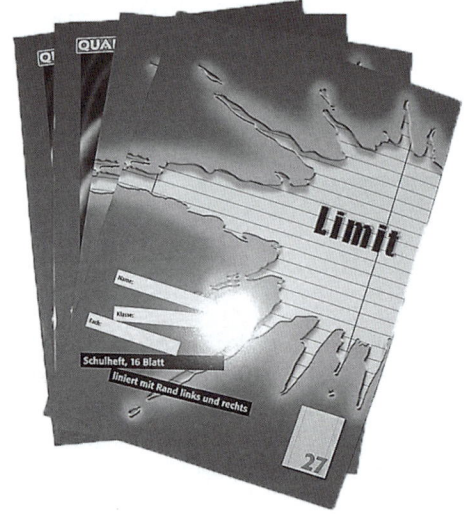

51 Berechne Volumen und Oberflächeninhalt der nebenstehenden Figur.

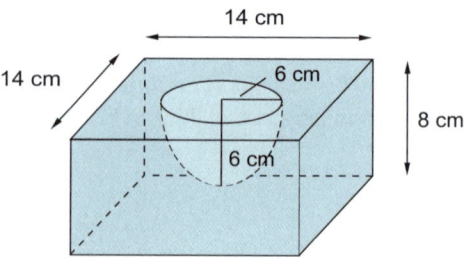

Grundwissen der 5. bis 10. Klasse

Abstand

Der Abstand ist die kürzeste Entfernung zweier Objekte.

Beispiele:

- Abstand der Punkte A und B: Länge der Strecke [AB]
- Abstand von Punkt A und Gerade g: Länge der
  Strecke [AF], wobei F der Lotfußpunkt ist.

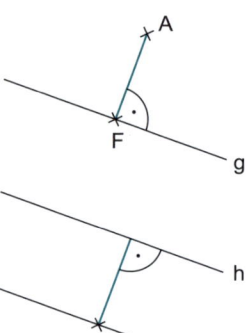

- Abstand der parallelen Geraden g und h: Länge
  der Strecke von einem beliebigen Punkt A auf g
  zum Lotfußpunkt des Lotes von A auf h.

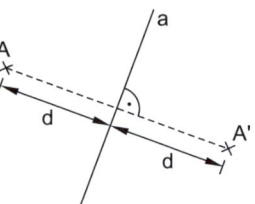

Achsensymmetrie

Zwei Punkte A und A' sind symmetrisch bezüglich
der Symmetrieachse a, wenn die Verbindungsstrecke
der Punkte senkrecht auf der Achse a steht und von
ihr halbiert wird.

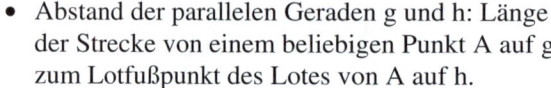

Achsensymmetrisches Trapez

Ein Trapez, das achsensymmetrisch zur Mittelsenkrechten einer der parallelen Seiten ist, heißt achsen-
symmetrisches Trapez.

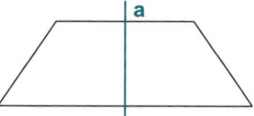

Eigenschaften:

- Die Schenkel sind gleich lang.
- Die Diagonalen sind gleich lang.
- Die beiden an einer der parallelen Seiten anliegenden Winkel sind gleich groß.

Ähnlichkeit

Zwei Figuren sind zueinander ähnlich, wenn eine Figur durch eine zentrische
Streckung aus der anderen Figur hervorgeht.

Ähnlichkeitssätze

Zwei Dreiecke sind zueinander ähnlich,

- falls sie in zwei (und damit wegen der Innenwinkelsumme in drei) Winkeln übereinstimmen. **WW-Satz**
- falls die Längenverhältnisse entsprechender Seiten übereinstimmen. **S : S : S-Satz**
- falls das Verhältnis zweier Seitenlängen und der eingeschlossene Winkel übereinstimmen. **S : W : S-Satz**

Bogenmaß

Unter dem Bogenmaß versteht man das Verhältnis $\frac{\text{Bogenlänge}}{\text{Kreisradius}}$ eines Kreises. Im Einheitskreis gilt:

Umrechnung:

$$b = \frac{\alpha}{180°} \cdot \pi$$

$$\alpha = \frac{b}{\pi} \cdot 180°$$

Drachenviereck

Ein Viereck, bei dem eine Diagonale Symmetrieachse ist, heißt Drachenviereck.

Eigenschaften:

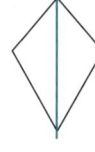

- Je zwei Seiten, deren gemeinsamer Endpunkt auf der Symmetrieachse liegt, sind gleich lang.
- Die Symmetrieachse ist Winkelhalbierende der beiden entsprechenden Winkel; die beiden anderen Winkel sind gleich groß.
- Die Diagonalen stehen senkrecht aufeinander, wobei die eine der beiden von der anderen halbiert wird.

Dreieck

Die gängigen Bezeichnungen im Dreieck findest du in nebenstehender Abbildung. Die Summe der Innenwinkel (hier: α, β, γ) beträgt 180°.

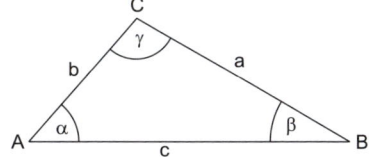

Flächeninhalt

Einheiten: $1\,\text{m}^2$, $1\,\text{dm}^2$, $1\,\text{cm}^2$, $1\,\text{mm}^2$, $1\,\text{a}$ (Ar), $1\,\text{ha}$ (Hektar), $1\,\text{km}^2$

Umrechnungstabelle:

$$100\,\text{mm}^2 = 1\,\text{cm}^2$$
$$100\,\text{cm}^2 = 1\,\text{dm}^2$$
$$100\,\text{dm}^2 = 1\,\text{m}^2$$
$$100\,\text{m}^2 = 1\,\text{a}$$
$$100\,\text{a} = 1\,\text{ha}$$
$$100\,\text{ha} = 1\,\text{km}^2$$

Formeln zur Flächenberechnung:

Dreieck $\qquad A = \frac{1}{2} a \cdot h_a = \frac{1}{2} b \cdot h_b = \frac{1}{2} c \cdot h_c$

Rechteck $\qquad A = a \cdot b$

Quadrat $\qquad A = a^2$

Parallelogramm $\quad A = g \cdot h$

Trapez $\qquad A = \frac{1}{2}(a + c) \cdot h \;\; \text{mit } a \,\|\, c$

Kreis $\qquad A = \pi \cdot r^2$

Komplizierte Flächen lassen sich oft bestimmen, indem sie in Rechtecke zerlegt oder zu Rechtecken ergänzt werden. Häufig lassen sie sich auch zu berechenbaren Flächen umbauen.

Gerade

Die Verlängerung der Strecke [AB] über A und B hinaus ergibt die Gerade AB. Geraden werden häufig mit kleinen lateinischen Buchstaben bezeichnet: g, h, …

Gleichschenkliges Dreieck

Ein Dreieck mit zwei gleich langen Seiten heißt gleichschenkliges Dreieck.
Die beiden gleich langen Seiten nennt man Schenkel, die dritte Seite Grundseite oder Basis. Die an der Basis anliegenden Winkel heißen Basiswinkel und sind gleich groß.

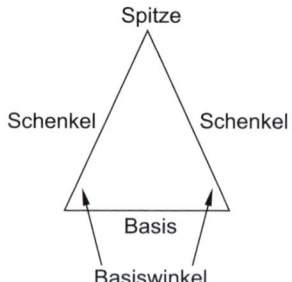

Gleichseitiges Dreieck

Ein Dreieck mit drei gleich langen Seiten heißt gleichseitig. Die Innenwinkel betragen 60°.

Halbgerade

Verlängert man die Strecke von A nach B über B hinaus, so entsteht die Halbgerade [AB.

Halbgeraden werden oft mit kleinen lateinischen Buchstaben bezeichnet: g, h, …

Höhe

Die Höhe eines Dreiecks ist das Lot von einem Eckpunkt auf die jeweils gegenüberliegende Dreiecksseite.

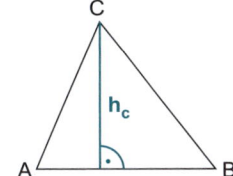

Höhensatz

In einem rechtwinkligen Dreieck mit den Hypotenusenabschnitten p und q gilt:

$h^2 = p \cdot q$

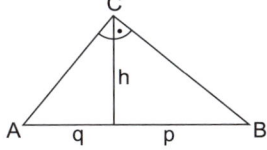

Inkreis

Sind alle Seiten eines n-Ecks Tangenten an einen Kreis, so wird dieser als Inkreis des n-Ecks bezeichnet.

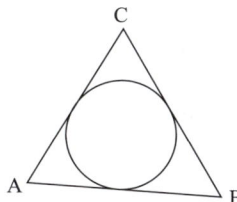

Kathetensätze

In einem rechtwinkligen Dreieck mit den Katheten a und b sowie den Hypotenusenabschnitten p und q gilt:

$a^2 = c \cdot p$
$b^2 = c \cdot q$

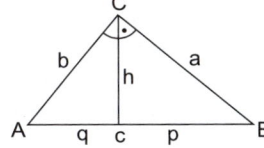

Kegel

Die Grundfläche ist ein Kreis mit Radius r.
Der Abstand von der Spitze zur Grundfläche
heißt Höhe h. Die Verbindung von der Spitze
zu einem beliebigen Punkt auf der Kreislinie
heißt Mantellinie s.

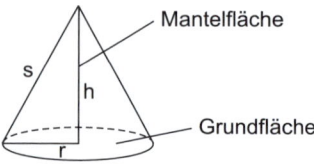

Es gilt:
$$s = \sqrt{r^2 + h^2}$$

Die gekrümmte Mantelfläche lässt sich zu
einem Kreissektor „auseinanderrollen", dessen
Umfang dem Umfang der Grundfläche entspricht.

Oberfläche:
$$O = A_{Kreis} + A_{Mantel}$$
$$= \pi \cdot r^2 + r \cdot \pi \cdot s$$
Volumen:
$$V = \frac{1}{3} \cdot \pi \cdot r^2 \cdot h$$

Kegelnetz:

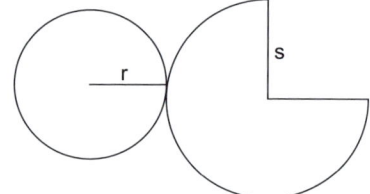

Kongruenz

Figuren, die ausgeschnitten so aufeinandergelegt werden können, dass sie zur
Deckung kommen, nennt man deckungsgleich oder kongruent.
Man schreibt: $F_1 \cong F_2$

Kongruenzsätze

- Zwei Dreiecke sind kongruent, wenn sie in drei Seiten übereinstimmen.
  SSS-Satz
- Zwei Dreiecke sind kongruent, wenn sie in zwei Seiten und dem dazwischen-
  liegenden Winkel übereinstimmen. **SWS-Satz**
- Zwei Dreiecke sind kongruent, wenn sie in einer Seite und zwei Winkeln
  übereinstimmen. **WSW-** bzw. **SWW-Satz**
- Zwei Dreiecke sind kongruent, wenn sie in zwei Seiten und dem der größeren
  Seite gegenüberliegenden Winkel übereinstimmen. **SsW-Satz**

SSS

SWS

WSW

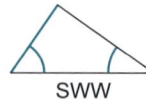
SWW

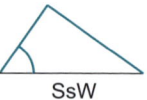
SsW

Koordinatensystem

Zwei sich senkrecht bei den Nullpunkten kreuzende Zahlengeraden ergeben ein Koordinatensystem (KOSY).
Der Nullpunkt wird als Ursprung des Koordinatensystems bezeichnet.
Das Koordinatensystem unterteilt die Zeichenebene in vier Quadranten.

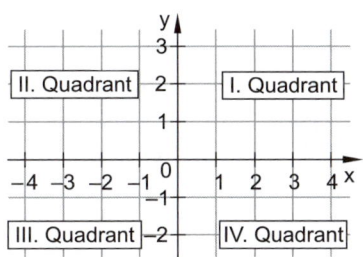

Kreis

Alle Punkte eines Kreises haben vom Mittelpunkt den gleichen Abstand. Dieser Abstand heißt Radius.
Kurzschreibweise: k(M, r) „Kreis um Mittelpunkt M mit Radius r"

Eine Sehne ist eine Strecke, die von einem Punkt auf der Kreislinie zu einem anderen Punkt auf der Kreislinie verläuft.
Der Durchmesser eines Kreises ist eine Sehne durch den Mittelpunkt des Kreises. Sie hat die doppelte Länge des Radius.

Umfang U:
$U = 2 \cdot r \cdot \pi$ mit $\pi = 3{,}14159265\ldots$

Flächeninhalt A:
$$A = r^2 \pi = \left(\tfrac{d}{2}\right)^2 \pi$$

Kreissegment

$A' = A_S - A_D,$ $(0° < \mu < 180°)$
$A' = A_S$ $(\mu = 180°)$
$A' = A_S + A_D,$ $(180° < \mu < 360°)$

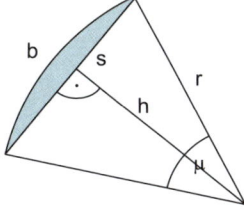

mit A_S Sektorfläche und A_D Dreiecksfläche, für die gilt:

$$A_D = \tfrac{1}{2} \cdot s \cdot h = \tfrac{1}{2} s \cdot \sqrt{r^2 - \left(\tfrac{s}{2}\right)^2} \quad \text{bzw.}$$

$$A_D = r^2 \sin \tfrac{\mu}{2} \cos \tfrac{\mu}{2}$$

Kreissektor

Bogenlänge $b = \frac{\mu}{360°} \cdot 2 \cdot r\pi$

Fläche $A_S = \frac{\mu}{360°} r^2 \pi$ bzw.

$\qquad A_S = \frac{1}{2} br$

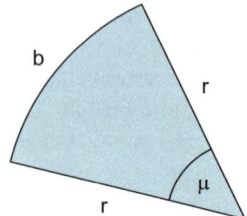

Kugel

Alle Punkte auf der Oberfläche haben
den gleichen Abstand zum Mittelpunkt.

$\quad$ Volumen $V = \frac{4}{3} r^3 \pi$

Oberfläche $O = 4r^2 \pi$

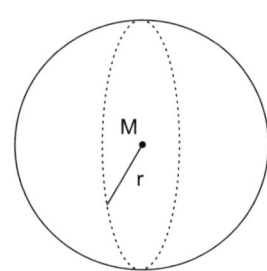

Lot

Das Lot zu einer Geraden g ist eine Gerade,
die senkrecht auf g steht. Der Schnittpunkt
des Lotes mit der Geraden heißt Lotfußpunkt.

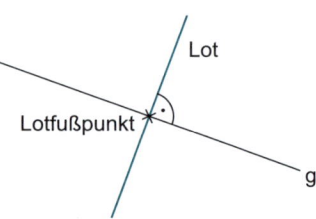

Maßstab

Maßstab 1 : 50 bedeutet, dass 1 cm in der Zeichnung 50 cm in Wirklichkeit entspricht.

Beispiele:
- 4 cm in der Zeichnung: 4 cm · 50 = 200 cm = 2 m $\qquad$ in Wirklichkeit
- 8 m in Wirklichkeit: 8 m : 50 = 800 cm : 50 = 16 cm in der Zeichnung

Mittelsenkrechte

Die Mittelsenkrechte $m_{[AB]}$ zur Strecke [AB]
ist die Gerade, die senkrecht auf [AB] steht
und [AB] halbiert. Sie ist die Symmetrieachse
der Strecke [AB].

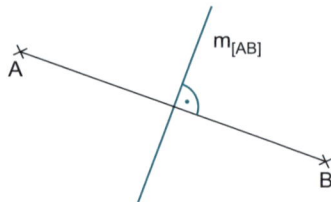

Nebenwinkel

An einer Geradenkreuzung nebeneinander-
liegende Winkel heißen Nebenwinkel. Sie
addieren sich zu 180°:

$\alpha + \beta = 180°$

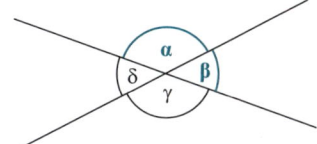

Netz

Schneidet man einen Körper so auf, dass er sich zu einer zusammenhängenden
Fläche auseinanderfalten lässt, so wird diese Fläche als Netz des Körpers bezeichnet.

Oberfläche

Die Oberfläche eines Körpers besteht aus allen Flächen, die den Körper begren-
zen.

Für die Oberfläche eines Quaders mit den Kantenlängen a, b und c gilt:

$$O_{\text{Quader}} = 2 \cdot a \cdot b + 2 \cdot a \cdot c + 2 \cdot b \cdot c$$
$$= 2 \cdot (a \cdot b + a \cdot c + b \cdot c)$$

Sonderfall:

$$O_{\text{Würfel}} = 6 \cdot a^2$$

Parallelogramm

Ein Viereck, bei dem die jeweils gegenüberliegenden Seiten zueinander parallel sind,
heißt Parallelogramm.

Eigenschaften:

- Gegenüberliegende Seiten sind gleich lang.
- Gegenüberliegende Winkel sind gleich groß.
- Die Diagonalen halbieren sich.
- Benachbarte Winkel ergänzen sich zu 180°.
- punktsymmetrisch zum Diagonalenschnittpunkt

Passante

Eine Gerade, die mit einem Kreis keinen
gemeinsamen Punkt hat, heißt Passante zu
diesem Kreis.

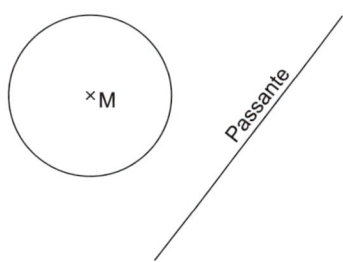

Polarkoordinaten

In einem Koordinatensystem kann ein Punkt P mithilfe der Polarkoordinaten
$P(r; \varphi)$ angegeben werden, wobei
- r die Entfernung des Punktes zum Koordinatenursprung und
- φ der mit der positiven x-Achse eingeschlossene Winkel ist.

Umrechnung von Polarkoordinaten in kartesische Koordinaten:
$$P(r; \varphi) \Rightarrow P(x\,|\,y) = P(r \cdot \cos \varphi\,|\,r \cdot \sin \varphi)$$

Umrechnung von kartesischen Koordinaten in Polarkoordinaten:
$$P(x\,|\,y) \Rightarrow P(r; \varphi) = P\left(\sqrt{x^2 + y^2}\,;\, \arctan \frac{y}{x}\right),$$

falls der Punkt P im I. oder IV. Quadranten liegt (also $x > 0$ ist).

$$P(r; \varphi) = P\left(\sqrt{x^2 + y^2}\,;\, \arctan \frac{y}{x} + 180°\right),$$

falls der Punkt im II. oder III. Quadranten liegt (also $x < 0$ ist).

Prisma

Grund- und Deckfläche eines n-seitigen Prismas sind zwei identische n-Ecke, die
parallel zueinander sind. Ihr Abstand heißt Höhe h des Prismas. Die Seitenflächen
bestehen aus Rechtecken.

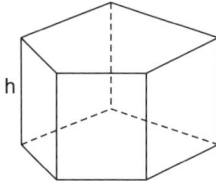

fünfseitiges Prisma

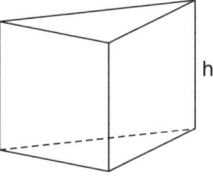

dreiseitiges Prisma

Oberfläche:
$$O = 2 \cdot A_{\text{Grundfläche}} + A_{\text{Seitenflächen}}$$
$$= 2 \cdot A_{\text{Grundfläche}} + u_{\text{Grundfläche}} \cdot h$$

Volumen:
$$V = G \cdot h$$

Punktsymmetrie

Zwei Punkte P und P' sind punktsymmetrisch
bezüglich des Zentrums Z, wenn die Verbindungsstrecke der Punkte von Z halbiert wird.

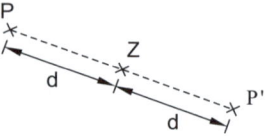

Pyramide

Die Grundfläche einer Pyramide ist ein n-Eck. Die Seitenflächen sind immer Dreiecke.

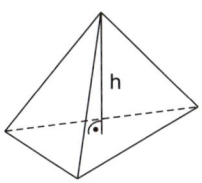

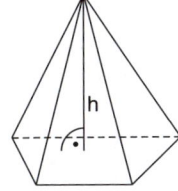

dreiseitige Pyramide   vierseitige Pyramide

Der Abstand von der Grundfläche zur Spitze heißt Höhe h, wobei die Höhe auch außerhalb der Grundfläche liegen kann.

Volumen:

$V = \frac{1}{3} \cdot G \cdot h$

Im Netz einer Pyramide schneiden sich die Lote von der Spitze auf die Grundseiten im Höhenfußpunkt der Pyramide.

Ein Pyramidenstumpf ist eine Pyramide, bei der die Spitze parallel zur Grundfläche abgeschnitten wurde.

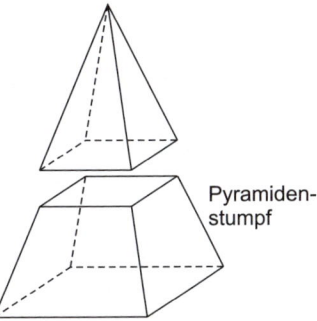

Pyramidenstumpf

Quader

Die sechs Seiten eines Quaders sind Rechtecke, wobei die beiden gegenüberliegenden Seitenflächen jeweils identisch sind. Aneinander angrenzende Seiten stehen zueinander senkrecht.

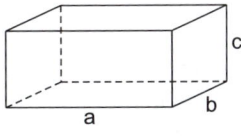

Volumen:
$V = a \cdot b \cdot c$

Oberfläche:
$O = 2ab + 2ac + 2bc$

Quadernetz:

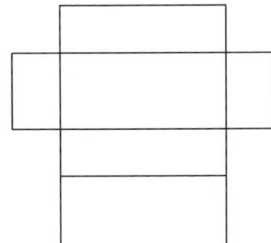

Quadrat

Ein Rechteck mit vier gleich langen Seiten heißt
Quadrat.

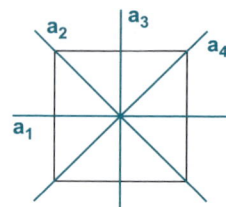

Eigenschaften:
- Die Diagonalen sind gleich lang, halbieren
  sich gegenseitig und stehen aufeinander senkrecht.
- punktsymmetrisch zum Diagonalenschnittpunkt
- achsensymmetrisch zu den Diagonalen und zu
  den Mittelsenkrechten (vier Symmetrieachsen)

Raute

Ein Viereck mit vier gleich langen Seiten heißt
Raute.

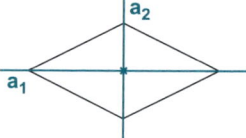

Eigenschaften:
- Gegenüberliegende Winkel sind gleich groß.
- Die Diagonalen stehen senkrecht aufeinander
  und halbieren sich gegenseitig.
- punktsymmetrisch zum Diagonalenschnittpunkt
- achsensymmetrisch zu den Diagonalen
  (zwei Symmetrieachsen)

Rechteck

Ein Viereck mit vier rechten Winkeln heißt
Rechteck.

Eigenschaften:
- Die Diagonalen sind gleich lang und
  halbieren sich gegenseitig.
- Gegenüberliegende Seiten sind gleich lang.
- achsensymmetrisch zu den Mittelsenkrechten
  (zwei Symmetrieachsen)
- punktsymmetrisch zum Diagonalenschnittpunkt

Rechtwinkliges Dreieck

Ein Dreieck mit einem rechten Winkel heißt
rechtwinkliges Dreieck.
Die dem rechten Winkel gegenüberliegende
Seite heißt Hypotenuse, die an den rechten
Winkel angrenzenden Seiten werden als Kathe-
ten bezeichnet.

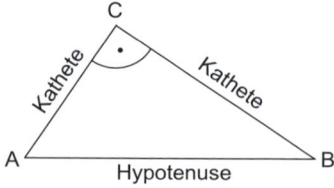

Satz des Pythagoras

In einem rechtwinkligen Dreieck mit Hypotenuse c und den Katheten a und b gilt:

$$a^2 + b^2 = c^2$$

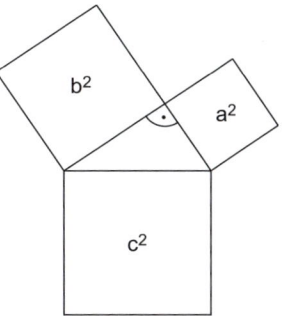

Satz des Thales und Thaleskreis

Ein Dreieck ABC hat genau dann bei C einen rechten Winkel, wenn C auf dem Halbkreis über [AB] liegt.
Der Kreis mit dem Durchmesser [AB] heißt auch Thaleskreis über [AB].

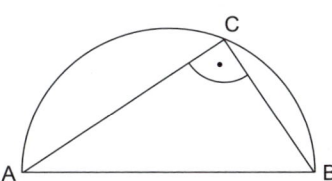

Scheitelwinkel

An einer Geradenkreuzung gegenüberliegende Winkel werden als Scheitelwinkel bezeichnet.
Sie sind gleich groß: $\alpha = \gamma$

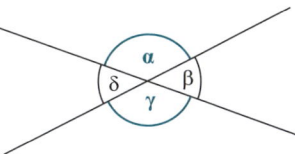

Seitenhalbierende

Als Seitenhalbierende in einem Dreieck wird die Strecke zwischen einem Eckpunkt und der gegenüberliegenden Seitenmitte bezeichnet.

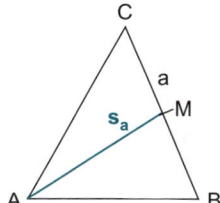

Sekante

Eine Gerade, die einen Kreis in zwei Punkten schneidet, heißt Sekante.

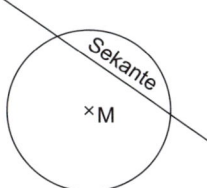

Sinus, Kosinus und Tangens

Im rechtwinkligen Dreieck gilt:

$$\sin \alpha = \frac{\text{Gegenkathete}}{\text{Hypotenuse}}$$

$$\cos \alpha = \frac{\text{Ankathete}}{\text{Hypotenuse}}$$

$$\tan \alpha = \frac{\text{Gegenkathete}}{\text{Ankathete}}$$

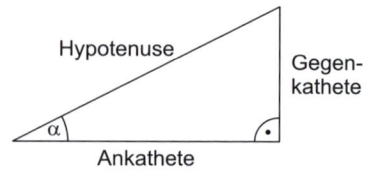

Exakte Werte für bestimmte Winkel:

α	$0°$	$30°$	$45°$	$60°$	$90°$
$\sin \alpha$	0	$\frac{1}{2}$	$\frac{\sqrt{2}}{2}$	$\frac{\sqrt{3}}{2}$	1
$\cos \alpha$	1	$\frac{\sqrt{3}}{2}$	$\frac{\sqrt{2}}{2}$	$\frac{1}{2}$	0
$\tan \alpha$	0	$\frac{\sqrt{3}}{3}$	1	$\sqrt{3}$	nicht definiert

Beziehungen untereinander für $0° \leq \alpha \leq 90°$:

$$\sin \alpha = \cos(90° - \alpha)$$

$$\cos \alpha = \sin(90° - \alpha)$$

$$\tan \alpha = \frac{\sin \alpha}{\cos \alpha}$$

$$(\sin \alpha)^2 + (\cos \alpha)^2 = 1$$

Sinus und Kosinus am Einheitskreis ($0 < \alpha < 90°$)

$$\sin \alpha = \sin(180° - \alpha) \qquad \cos \alpha = -\cos(180° - \alpha)$$

$$\sin \alpha = -\sin(180° + \alpha) \qquad \cos \alpha = -\cos(180° + \alpha)$$

$$\sin \alpha = -\sin(360° - \alpha) \qquad \cos \alpha = \cos(360° - \alpha)$$

$$\sin \alpha = \sin(n \cdot 360° + \alpha) \qquad \cos \alpha = \cos(n \cdot 360° + \alpha) \quad (n \in \mathbb{N})$$

Sinus- und Kosinusfunktion

Die Zuordnungsvorschriften lauten:

$x \mapsto \sin x$ und $x \mapsto \cos x$

Definitionsmenge: $\mathbb{D} = \mathbb{R}$

Wertemenge: $W = [-1; 1]$

Wichtige Werte der Wertetabelle:

x	0	$\frac{\pi}{3}$	$\frac{\pi}{2}$	$\frac{2}{3}\pi$	π	$\frac{4}{3}\pi$	$\frac{3}{2}\pi$	$\frac{5}{3}\pi$	2π
sin x	0	$\frac{1}{2}\sqrt{3}$	1	$\frac{1}{2}\sqrt{3}$	0	$-\frac{1}{2}\sqrt{3}$	-1	$-\frac{1}{2}\sqrt{3}$	0
cos x	1	$\frac{1}{2}$	0	$-\frac{1}{2}$	-1	$-\frac{1}{2}$	0	$\frac{1}{2}$	1

Funktionsgraphen:

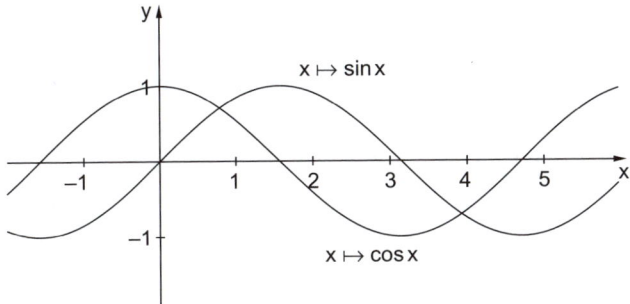

Allgemein gilt:

$x \mapsto a \cdot \sin(bx + c) + d \qquad a, b \in \mathbb{R} \setminus \{0\}, \ c, d \in \mathbb{R}$

$x \mapsto a \cdot \cos(bx + c) + d$

Definitionsmenge: $\mathbb{D} = \mathbb{R}$

Wertemenge: $W = \left[-|a| + d; |a| + d\right]$

Amplitude: $|a|$

Periodenlänge: $\left|\frac{2\pi}{b}\right|$

$\|a\| > 1$	Streckung in y-Richtung
$0 < \|a\| < 1$	Stauchung in y-Richtung
$a < 0$	Spiegelung an der x-Achse
$\|b\| > 1$	Stauchung in x-Richtung
$0 < \|b\| < 1$	Streckung in x-Richtung
$b < 0$	Spiegelung an der y-Achse
$c < 0$	Verschiebung in positive x-Richtung
$c > 0$	Verschiebung in negative x-Richtung
$d > 0$	Verschiebung in positive y-Richtung
$d < 0$	Verschiebung in negative y-Richtung

Strahlensatz

1. Strahlensatz: Zwei Abschnitte auf g verhalten sich wie die entsprechenden Abschnitte auf h.

$$\frac{a}{a'} = \frac{b}{b'}$$

$$\frac{a'-a}{a} = \frac{b'-b}{b}$$

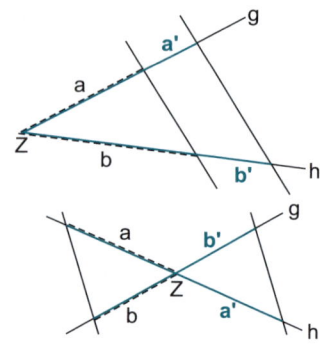

2. Strahlensatz: Die Abschnitte auf den Parallelen verhalten sich wie die entsprechenden von Z aus gemessenen Abschnitte auf den Geraden.

$$\frac{a}{a'} = \frac{b}{b'}$$

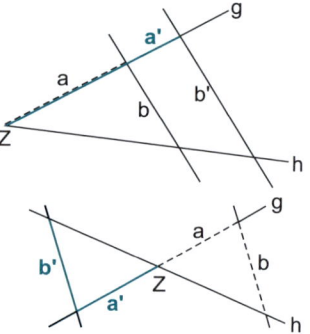

Strecke

Die kürzeste Verbindung zwischen zwei Punkten A und B ist die Strecke [AB]. Die Länge der Strecke [AB] wird abgekürzt als $\overline{AB}$.

Stufenwinkel

An einer Doppelkreuzung sind die Stufenwinkel an parallelen Geraden gleich groß.

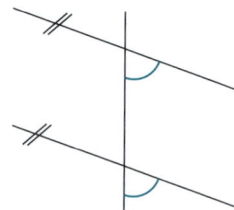

Tangente

Eine Gerade, die einen Kreis in einem Punkt
berührt, heißt Tangente. Dieser Punkt heißt Berührpunkt. Die Gerade durch Berührpunkt und
Mittelpunkt steht senkrecht auf der Tangente.

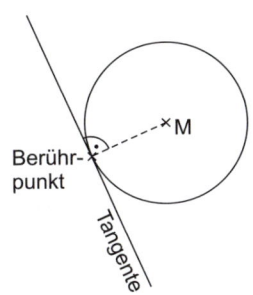

Trapez

Ein Viereck mit zwei zueinander parallelen
Seiten heißt Trapez. Die nicht parallelen
Seiten werden als Schenkel bezeichnet.

Eigenschaften:
Die an einem Schenkel anliegenden Winkel
ergänzen sich zu 180°.

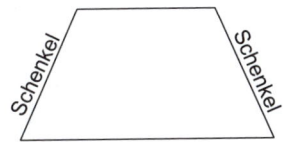

Umkreis

Der Kreis, auf dem alle Ecken eines n-Ecks
liegen, heißt Umkreis des n-Ecks.

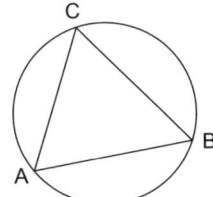

Viereck

Die gängigen Bezeichnungen im Viereck findest
du in nebenstehender Abbildung.
Die Verbindung zweier gegenüberliegender
Ecken heißt Diagonale.
Die Summe der Innenwinkel (hier: α, β, γ, δ)
beträgt 360°.

Besondere Vierecke:
Drachenviereck, Parallelogramm, Quadrat,
Raute, Rechteck, Trapez

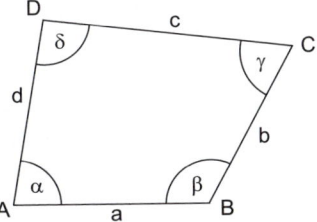

Volumen

Volumeneinheiten:

$1\,\text{m}^3$, $1\,\text{dm}^3$, $1\,\text{cm}^3$, $1\,\text{mm}^3$, $1\,\text{km}^3$, $1\,\ell$ (Liter), $1\,h\ell$ (Hektoliter), $1\,m\ell$ (Milliliter)

Umrechnung:

$$1\,000\,\text{mm}^3 = 1\,\text{cm}^3$$
$$1\,000\,\text{cm}^3 = 1\,\text{dm}^3$$
$$1\,000\,\text{dm}^3 = 1\,\text{m}^3$$
$$1\,000\,000\,000\,\text{m}^3 = 1\,\text{km}^3$$

$$1\,\text{dm}^3 = 1\,\ell$$
$$100\,\ell = 1\,h\ell$$
$$1\,\text{cm}^3 = 1\,m\ell$$

Volumen eines Quaders mit den Seitenlängen a, b und c:

$V = a \cdot b \cdot c$

Volumen komplizierter Körper lassen sich oft bestimmen, indem sie in Quader zerlegt oder zu Quadern ergänzt werden. Auch ein geeigneter Umbau kann hilfreich sein.

Wechselwinkel

An einer Doppelkreuzung sind die Wechsel-
winkel an parallelen Geraden gleich groß.

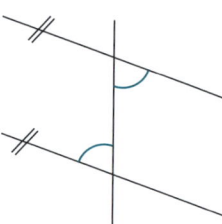

Winkel

Die Halbgeraden [SA und [SB bilden den
Winkel α.

S: Scheitel des Winkels

[SA: 1. Schenkel

[SB: 2. Schenkel

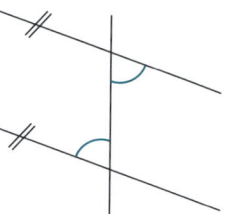

Es gibt unterschiedliche Bezeichnungen:

α, β, γ, δ, ε, φ, μ ...	kleine griechische Buchstaben
∢ ASB	Punkt auf erstem Schenkel, Scheitelpunkt, Punkt auf zweitem Schenkel
∢ (g; h), ∢ (SA; SB)	Geraden oder Halbgeraden, die den Winkel einschließen

Besondere Winkel:

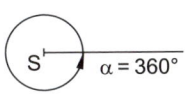

Vollwinkel

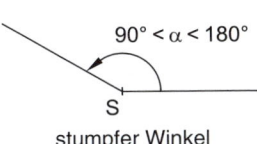

gestreckter Winkel

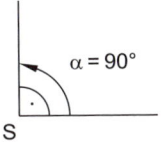

rechter Winkel

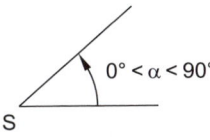

spitzer Winkel

stumpfer Winkel

überstumpfer Winkel

Winkelhalbierende

Die Winkelhalbierende w_α des Winkels α ist die Gerade, die durch den Scheitel von α verläuft und den Winkel in zwei gleich große Teile teilt. Sie entspricht der Symmetrieachse der Schenkel von α.

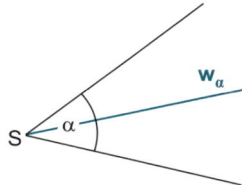

Würfel

Ein Würfel ist ein Quader mit gleicher Länge, Höhe und Breite.

Volumen:
$V = a^3$

Oberfläche:
$O = 6a^2$

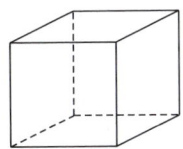

mögliches Würfelnetz:

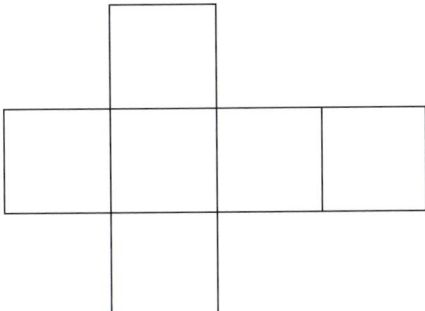

Zentrische Streckung

1. B' liegt auf der Geraden ZB.

2. $\overline{ZB'} = k \cdot \overline{ZB}$
   Streckungsfaktor

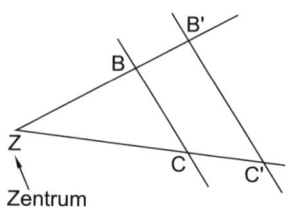

Eigenschaften:

- Parallelität von Strecke und Bildstrecke
- Winkeltreue (entsprechende Winkel bei Figur und Bildfigur sind gleich)
- Die Bildstrecke ist k-mal (Streckungsfaktor) so lang wie die (Ur-)Strecke.
- Der Flächeninhalt ändert sich durch eine zentrische Streckung um den Faktor k^2:
  $$A' = k^2 \cdot A$$

Zylinder

Grund- und Deckfläche sind identische zueinander parallele Kreise mit Radius r. Der Abstand von Grund- und Deckfläche heißt Höhe h.
Die gekrümmte Mantelfläche lässt sich zu einem Rechteck „auseinanderrollen", dessen Breite dem Umfang der Grundfläche und dessen Länge der Höhe des Zylinders entspricht.

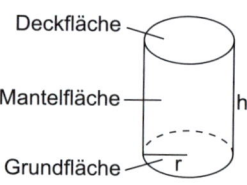

Oberfläche:
$$O = 2 \cdot \pi \cdot r^2 + 2 \cdot \pi \cdot r \cdot h$$
Volumen:
$$V = \pi \cdot r^2 \cdot h$$

Zylindernetz:

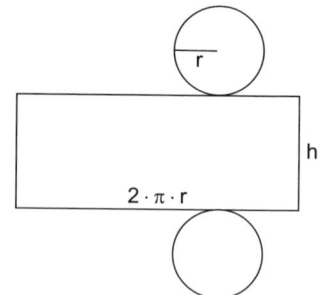

Lösungen

1 a) $\sin 100° \approx \mathbf{0,9848}$
$\cos 100° \approx \mathbf{-0,1736}$

b) $\sin 225° \approx \mathbf{-0,7071}$
$\cos 225° \approx \mathbf{-0,7071}$

c) $\sin 2\,009° \approx \mathbf{-0,4848}$
$\cos 2\,009° \approx \mathbf{-0,8746}$

d) $\sin 151° = \mathbf{0,4848}$
$\cos 151° = \mathbf{-0,8746}$

e) $\sin 398° \approx \mathbf{0,6157}$
$\cos 398° \approx \mathbf{0,7880}$

f) $\sin 210° = \mathbf{-0,5}$
$\cos 210° \approx \mathbf{-0,8660}$

g) $\sin 307,16° \approx \mathbf{-0,7970}$
$\cos 307,16° \approx \mathbf{0,6040}$

h) $\sin 198° \ 18' \ 22'' = \sin 198,306\overline{1}°$
$\approx \mathbf{-0,3141}$
$\cos 198° \ 18' \ 22'' = \cos 198,306\overline{1}°$
$\approx \mathbf{-0,9494}$

Hinweise und Tipps:
$1° = 60'$ (Winkelminuten), also
$18' = \frac{18}{60}° = 0,3°$
$1' = 60''$ (Winkelsekunde), also
$22'' = \frac{22}{3\,600}° = 0,006\overline{1}°$

2 a) $\sin \alpha \approx 0,8192 \ \Rightarrow \ \alpha_1 = \mathbf{55°}$
Durch die Überlegung am Einheitskreis folgt:
$\alpha_2 = 180° - 55° = \mathbf{125°}$

b) $\cos \alpha \approx -0,5299 \ \Rightarrow \ \alpha_1 = \mathbf{122°}$
Durch die Überlegung am Einheitskreis folgt:
$\alpha_2 = 360° - 122° = \mathbf{238°}$

c) $\sin \alpha \approx -0,3256 \ \Rightarrow \ \alpha_1 = \mathbf{-19°} \ \Rightarrow \ \alpha_1 = 360° - 19° = \mathbf{341°}$
Durch die Überlegung am Einheitskreis folgt:
$\alpha_2 = 180° + 19° = \mathbf{199°}$

d) $\sin \alpha \approx 0,6018 \ \Rightarrow \ \alpha_1 = \mathbf{37°}$
Durch die Überlegung am Einheitskreis folgt:
$\alpha_2 = 180° - 37° = \mathbf{143°}$

e) $\cos \alpha \approx 0,9781 \ \Rightarrow \ \alpha_1 = \mathbf{12°}$
Durch die Überlegung am Einheitskreis folgt:
$\alpha_2 = 360° - 12° = \mathbf{348°}$

f) $\cos \alpha \approx 0,0175 \;\Rightarrow\; \alpha_1 = \mathbf{89°}$

Durch die Überlegung am Einheitskreis folgt:

$\alpha_2 = 360° - 89° = \mathbf{271°}$

3 a) $\sin 270° = \sin(180° + 90°)$
$= -\sin 90° = \mathbf{-1}$

b) $\cos 167° = \cos(180° - 13°) = -\cos 13°$
$= -\sin(90° - 13°) = -\sin 77°$
$\approx \mathbf{-0,9744}$

c) $\tan 70° = \dfrac{\sin 70°}{\cos 70°} = \dfrac{\sin 70°}{\sin(90° - 70°)}$

$= \dfrac{\sin 70°}{\sin 20°} \approx \mathbf{2,7475}$

d) $\cos 710° = \cos(360° + 350°) = \cos 350°$
$= \cos(360° - 10°) = \cos 10°$
$= \sin(90° - 10°) = \sin 80°$
$\approx \mathbf{0,9848}$

4 a) $\sin 187° = \sin(180° + 7°) = -\sin 7°$
$= -\cos(90° - 7°) = -\cos 83°$
$\approx \mathbf{-0,1219}$

b) $\cos 1\,000° = \cos(2 \cdot 360° + 280°) = \cos 280°$
$= \cos(360° - 80°) = \cos 80°$
$\approx \mathbf{0,1736}$

c) $\tan 232° = \dfrac{\sin 232°}{\cos 232°} = \dfrac{\sin(180° + 52°)}{\cos(180° + 52°)}$

$= \dfrac{-\sin 52°}{-\cos 52°} = \dfrac{\sin 52°}{\cos 52°}$

$= \dfrac{\cos(90° - 52°)}{\cos 52°} = \dfrac{\cos 38°}{\cos 52°}$

$\approx \mathbf{1,2799}$

d) $\sin 333° = \sin(360° - 27°) = -\sin 27°$
$= -\cos(90° - 27°) = -\cos 63°$
$\approx \mathbf{-0,4540}$

5 Es gibt zwei Lösungen $\cos\alpha_1$ und $\cos\alpha_2$, die sich nur durch das Vorzeichen unterscheiden.

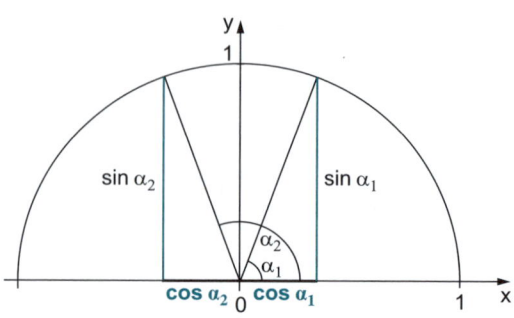

$$\sin^2\alpha + \cos^2\alpha = 1$$

$$\left(\tfrac{6}{11}\sqrt{3}\right)^2 + \cos^2\alpha = 1$$

$$\tfrac{36}{121}\cdot 3 + \cos^2\alpha = 1$$

$$\tfrac{108}{121} + \cos^2\alpha = 1 \qquad \left|-\tfrac{108}{121}\right.$$

$$\cos^2\alpha = 1 - \tfrac{108}{121}$$

$$\cos^2\alpha = \tfrac{13}{121} \qquad \left|\sqrt{}\right.$$

$$\cos\alpha = \pm\sqrt{\tfrac{13}{121}}$$

$$\cos\alpha = \pm\tfrac{1}{11}\sqrt{13}$$

Die beiden Lösungen lauten $\cos\alpha_1 = \tfrac{1}{11}\sqrt{13}$ und $\cos\alpha_2 = -\tfrac{1}{11}\sqrt{13}$.

6 Es gibt zwei Lösungen $\sin\alpha_1$ und $\sin\alpha_2$, die sich nur durch das Vorzeichen unterscheiden.

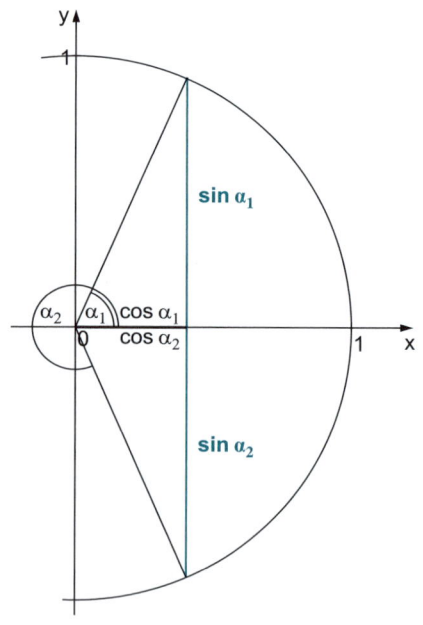

$$\sin^2\alpha + \cos^2\alpha = 1$$

$$\sin^2\alpha + \left(\tfrac{2}{5}\right)^2 = 1$$

$$\sin^2\alpha + \tfrac{4}{25} = 1 \qquad \left|-\tfrac{4}{25}\right.$$

$$\sin^2\alpha = 1 - \tfrac{4}{25}$$

$$\sin^2\alpha = \tfrac{21}{25} \qquad \left|\sqrt{}\right.$$

$$\sin\alpha = \pm\sqrt{\tfrac{21}{25}}$$

$$\sin\alpha = \pm\tfrac{1}{5}\sqrt{21}$$

Die beiden Lösungen lauten
$\sin\alpha_1 = \tfrac{1}{5}\sqrt{21}$ und
$\sin\alpha_2 = -\tfrac{1}{5}\sqrt{21}$.

7 Hinweise und Tipps:
Es ist naheliegend, dass es für jede dieser
Teilaufgaben mehrere Lösungen gibt. Im
ersten Einheitskreisviertel gilt für einen
Punkt P des Einheitskreises mit dem ent-
sprechenden Winkel φ:
$P(x_P \mid y_P) = P(\cos \varphi \mid \sin \varphi)$.

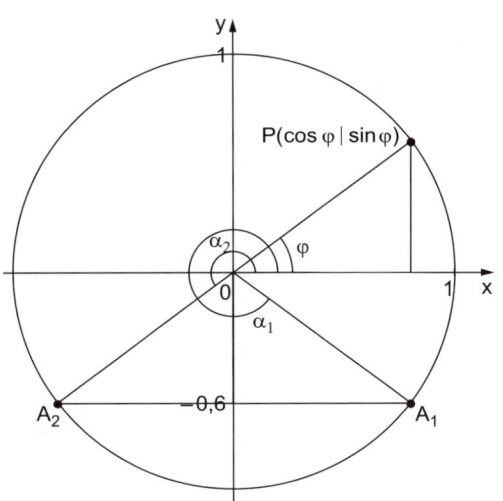

a) $A(\cos \alpha \mid \sin \alpha) = A(x_A \mid -0{,}6)$

$\sin \alpha = -0{,}6$

$\Rightarrow \quad \alpha_1 \approx -36{,}87°$,

also $\alpha_1 \approx 360° - 36{,}87°$

$\qquad = 323{,}13°$

$\Rightarrow \quad \cos \alpha_1 \approx 0{,}8$

erstes Ergebnis:
$A_1\,(0{,}8 \mid -0{,}6)$
eingeschlossener Winkel:
$\alpha_1 \approx 323{,}13°$

zweites Ergebnis: **$A_2\,(-0{,}8 \mid -0{,}6)$**,
eingeschlossener Winkel: $\alpha_2 \approx 180° + 36{,}87° = \mathbf{216{,}87°}$

b) $B(\cos \beta \mid \sin \beta) = B(1 \mid y_B)$

$\cos \beta = 1 \quad \Rightarrow \quad \beta = 0° \quad \Rightarrow \quad \sin 0° = 0$

einziges Ergebnis: **$B(1 \mid 0)$**
eingeschlossener Winkel: **$\beta = 0°$**

c) $C(\cos \gamma \mid \sin \gamma) = C\left(x_C \mid \frac{1}{2}\sqrt{2}\right)$

$\sin \gamma = \frac{1}{2}\sqrt{2} \quad \Rightarrow \quad \gamma_1 = 45° \quad \Rightarrow \quad \cos 45° = \frac{1}{2}\sqrt{2}$

erstes Ergebnis: $\quad \mathbf{C_1\left(\frac{1}{2}\sqrt{2} \mid \frac{1}{2}\sqrt{2}\right)}$

eingeschlossener Winkel: **$\gamma_1 = 45°$**

zweites Ergebnis: $\quad \mathbf{C_2\left(-\frac{1}{2}\sqrt{2} \mid \frac{1}{2}\sqrt{2}\right)}$,

eingeschlossener Winkel: $\gamma_2 = 180° - 45° = \mathbf{135°}$

d) $D(\cos \delta \mid \sin \delta) = D\left(-\frac{1}{3}\sqrt{3} \mid y_D\right)$

$\cos \delta = -\frac{1}{3}\sqrt{3} \quad \Rightarrow \quad \delta_1 \approx 125{,}26° \quad \Rightarrow \quad \sin \delta_1 \approx 0{,}82$

erstes Ergebnis: $\quad \mathbf{D_1\left(-\frac{1}{3}\sqrt{3} \mid 0{,}82\right)}$

eingeschlossener Winkel: **$\delta_1 \approx 125{,}26°$**

zweites Ergebnis: $\quad \mathbf{D_2\left(-\frac{1}{3}\sqrt{3} \mid -0{,}82\right)}$,

eingeschlossener Winkel: $\delta_2 \approx 360° - 125{,}26° = \mathbf{234{,}74°}$

Alternativ:

Mithilfe des Satzes des Pythagoras ließe sich die Koordinate y_D auch exakt bestimmen, der eingeschlossene Winkel bleibt allerdings ein Näherungswert.

$\sin^2 \delta + \cos^2 \delta = 1$ oder $(y_D)^2 + (x_D)^2 = 1$

$$(y_D)^2 + \left(-\tfrac{1}{3}\sqrt{3}\right)^2 = 1$$

$$(y_D)^2 + \tfrac{1}{3} = 1 \qquad\qquad \left| -\tfrac{1}{3} \right.$$

$$(y_D)^2 = 1 - \tfrac{1}{3}$$

$$(y_D)^2 = \tfrac{2}{3} \qquad\qquad \left| \sqrt{} \right.$$

$$y_D = \pm\sqrt{\tfrac{2}{3}}$$

$$y_D = \pm\tfrac{1}{3}\sqrt{6} \approx \pm 0{,}82$$

erstes Ergebnis: $\quad \mathbf{D_1\left(-\tfrac{1}{3}\sqrt{3} \,\middle|\, \tfrac{1}{3}\sqrt{6}\right)}$

eingeschlossener Winkel: $\boldsymbol{\delta_1 \approx 125{,}26°}$

zweites Ergebnis: $\quad \mathbf{D_2\left(-\tfrac{1}{3}\sqrt{3} \,\middle|\, -\tfrac{1}{3}\sqrt{6}\right)}$

eingeschlossener Winkel: $\boldsymbol{\delta_2 \approx 234{,}74°}$

e) $\quad E(\cos\varepsilon \,|\, \sin\varepsilon) = E\left(x_E \,\middle|\, \tfrac{2}{3}\right)$

$\sin\varepsilon = \tfrac{2}{3} \;\Rightarrow\; \varepsilon_1 \approx 41{,}81° \;\Rightarrow\; \cos\varepsilon_1 \approx 0{,}75$

erstes Ergebnis: $\quad \mathbf{E_1\left(0{,}75 \,\middle|\, \tfrac{2}{3}\right)}$

eingeschlossener Winkel: $\boldsymbol{\varepsilon_1 \approx 41{,}81°}$

zweites Ergebnis: $\quad \mathbf{E_2\left(-0{,}75 \,\middle|\, \tfrac{2}{3}\right)}$

eingeschlossener Winkel: $\varepsilon_2 \approx 180° - 41{,}81° = \mathbf{138{,}19°}$

Alternativ:

Mithilfe des Satzes des Pythagoras ließe sich die Koordinate x_E auch exakt bestimmen, der eingeschlossene Winkel bleibt allerdings eine Näherung.

$$\sin^2\varepsilon + \cos^2\varepsilon = 1$$

$$(y_E)^2 + (x_E)^2 = 1$$

$$\left(\tfrac{2}{3}\right)^2 + (x_E)^2 = 1$$

$$\tfrac{4}{9} + (x_E)^2 = 1 \qquad\qquad \left| -\tfrac{4}{9} \right.$$

$$(x_E)^2 = \tfrac{5}{9} \qquad\qquad \left| \sqrt{} \right.$$

$$x_E = \pm\tfrac{1}{3}\sqrt{5} \approx \pm 0{,}75$$

erstes Ergebnis: $\mathbf{E_1}\left(\frac{1}{3}\sqrt{5}\mid\frac{2}{3}\right)$

eingeschlossener Winkel: $\mathbf{\varepsilon_1 \approx 41,81°}$

zweites Ergebnis: $\mathbf{E_2}\left(-\frac{1}{3}\sqrt{5}\mid\frac{2}{3}\right)$

eingeschlossener Winkel: $\mathbf{\varepsilon_2 \approx 138,19°}$

f) $F(\cos\varphi\mid\sin\varphi) = F\left(\frac{4}{5}\mid y_F\right)$

$\cos\varphi = \frac{4}{5} \;\Rightarrow\; \varphi_1 \approx 36,87° \;\Rightarrow\; \sin\varphi_1 = 0,6 = \frac{3}{5}$

erstes Ergebnis: $\mathbf{F_1}\left(\frac{4}{5}\mid\frac{3}{5}\right)$

eingeschlossener Winkel: $\mathbf{\varphi_1 \approx 36,87°}$

zweites Ergebnis: $\mathbf{F_2}\left(\frac{4}{5}\mid-\frac{3}{5}\right)$

eingeschlossener Winkel: $\varphi_2 \approx 360° - 36,87° = \mathbf{323,13°}$

8 Die beiden Lösungen entstehen dadurch, dass Zähler und Nenner des Quotienten $\frac{\sin\alpha}{\cos\alpha}$ das gleiche Vorzeichen haben müssen.

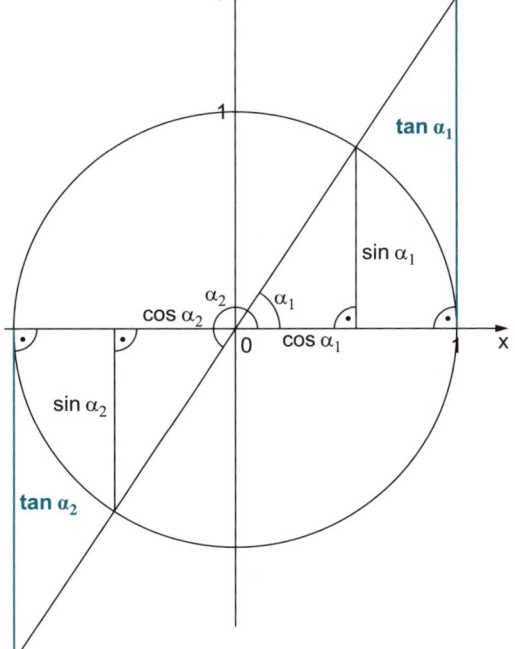

$\tan \alpha = \frac{3}{2}$

$\frac{\sin \alpha}{\cos \alpha} = \frac{3}{2}$ $\qquad | \cdot \cos \alpha$

$\sin \alpha = \frac{3}{2} \cdot \cos \alpha$ $\qquad$ (*)

Einsetzen der Gleichung (*) in die Formel $\sin^2 \alpha + \cos^2 \alpha = 1$ (**) liefert folgenden Ansatz:

$$\left(\frac{3}{2} \cdot \cos \alpha\right)^2 + \cos^2 \alpha = 1$$

$$\frac{9}{4} \cdot \cos^2 \alpha + \cos^2 \alpha = 1$$

$$\left(\frac{9}{4} + 1\right) \cdot \cos^2 \alpha = 1$$

$$\frac{13}{4} \cdot \cos^2 \alpha = 1 \qquad | \cdot \frac{4}{13}$$

$$\cos^2 \alpha = \frac{4}{13} \qquad | \sqrt{}$$

$$\cos \alpha = \pm\sqrt{\frac{4}{13}}$$

$$\cos \alpha = \pm \frac{2}{13}\sqrt{13} \quad (***)$$

Durch Einsetzen des Ergebnisses (***) in die Gleichung (*) erhält man:

$\sin \alpha = \frac{3}{2} \cdot \left(\pm \frac{2}{13}\sqrt{13}\right)$

$\qquad = \pm \frac{3}{13}\sqrt{13}$

erstes Ergebnis: $\quad \sin \alpha_1 = \frac{3}{13}\sqrt{13}$ $\quad$ und $\cos \alpha_1 = \frac{2}{13}\sqrt{13}$

zweites Ergebnis: $\quad \sin \alpha_2 = -\frac{3}{13}\sqrt{13}$ $\quad$ und $\cos \alpha_2 = -\frac{2}{13}\sqrt{13}$

9 Zusammenfassendes Ergebnis:

	kartesische Koordinaten	Polarkoordinaten
a)	A(4,8 | 3,6)	A(6; 37°)
b)	B(−4 | $\sqrt{2}$)	B(4,2; 160,5°)
c)	C$\left(\frac{1}{5}\middle| -\frac{5}{7}\right)$	C(0,7; 285,6°)
d)	D(−0,2 | −0,2)	D$\left(\frac{1}{3}; 222°\right)$

a) Man setzt $r=6$ und $\varphi=37°$ in die Formel $A(x\,|\,y)=A(r\cdot\cos\varphi\,|\,r\cdot\sin\varphi)$ ein und erhält bereits das exakte Ergebnis $\mathbf{A(6\cdot\cos 37°\,|\,6\cdot\sin 37°)}$.
Näherungsweise liefert der Taschenrechner $\mathbf{A(4,8\,|\,3,6)}$ als Ergebnis.

b) B liegt im Koordinatensystem links der y-Achse, da die x-Koordinate $-4<0$ ist. Folglich ist für die Umrechnung in Polarkoordinaten die Formel

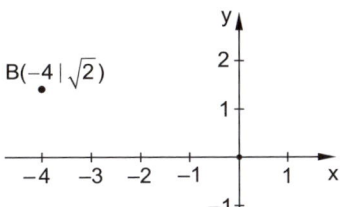

$$B(r;\varphi)=B\left(\sqrt{x^2+y^2}\,;\arctan\frac{y}{x}+180°\right)$$

anzuwenden:

$$B(r;\varphi)=B\left(\sqrt{(-4)^2+(\sqrt{2})^2}\,;\arctan\frac{\sqrt{2}}{-4}+180°\right)$$

$$=B\left(\sqrt{16+2}\,;\arctan\frac{\sqrt{2}}{-4}+180°\right)$$

$$=B\left(\sqrt{18}\,;\arctan\frac{\sqrt{2}}{-4}+180°\right)$$

$$=\mathbf{B\left(3\sqrt{2}\,;\arctan\frac{\sqrt{2}}{-4}+180°\right)}\qquad\text{(exaktes Ergebnis!)}$$

Näherungsweise liefert der Taschenrechner $\mathbf{B(4,2;\ 160,5°)}$ als Ergebnis.

c) C liegt im Koordinatensystem rechts der y-Achse, da die x-Koordinate $\frac{1}{5}>0$ ist.

Folglich ist für die Umrechnung in Polarkoordinaten die Formel

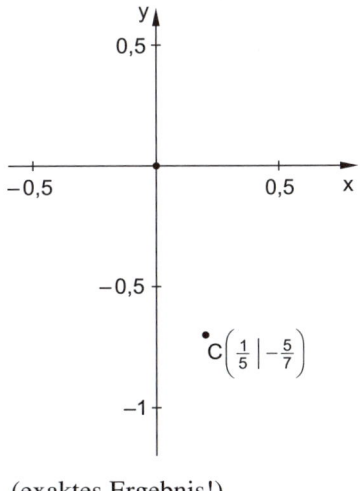

$$C(r;\varphi)=C\left(\sqrt{x^2+y^2}\,;\arctan\frac{y}{x}\right)$$

anzuwenden:

$$C(r;\varphi)=C\left(\sqrt{\left(\frac{1}{5}\right)^2+\left(-\frac{5}{7}\right)^2}\,;\arctan\frac{-\frac{5}{7}}{\frac{1}{5}}\right)$$

$$=C\left(\sqrt{\frac{1}{25}+\frac{25}{49}}\,;\arctan\frac{-25}{7}\right)$$

$$=C\left(\sqrt{\frac{674}{1\,225}}\,;\arctan\frac{-25}{7}\right)$$

$$=\mathbf{C\left(\frac{\sqrt{674}}{35}\,;\arctan\frac{-25}{7}\right)}\qquad\text{(exaktes Ergebnis!)}$$

Näherungsweise liefert der Taschenrechner $\mathbf{C(0,7;\ 285,6°)}$ als Ergebnis.

d) Man setzt $r=\frac{1}{3}$ und $\varphi=222°$ in die Formel $D(x\,|\,y)=D(r\cdot\cos\varphi\,|\,r\cdot\sin\varphi)$ ein und erhält bereits das exakte Ergebnis $\mathbf{D\left(\frac{1}{3}\cdot\cos 222°\,\middle|\,\frac{1}{3}\cdot\sin 222°\right)}$.
Näherungsweise liefert der Taschenrechner $\mathbf{D(-0,2\,|\,-0,2)}$ als Ergebnis.

10 a)

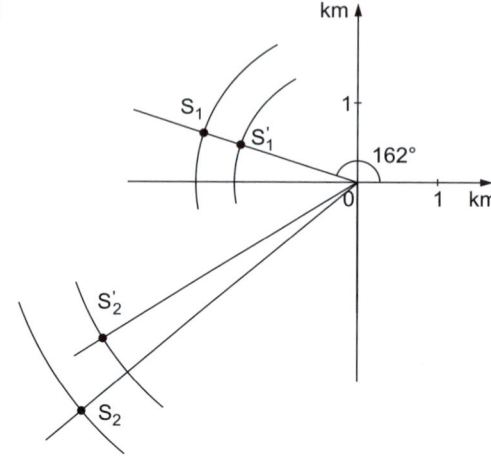

b) Das Eintragen der Schiffsrouten und ein entsprechendes Skalieren gibt einen guten Überblick über die Situation. Mit S_1'' und S_2' wurden die Standorte der Schiffe nach weiteren 10 min benannt.

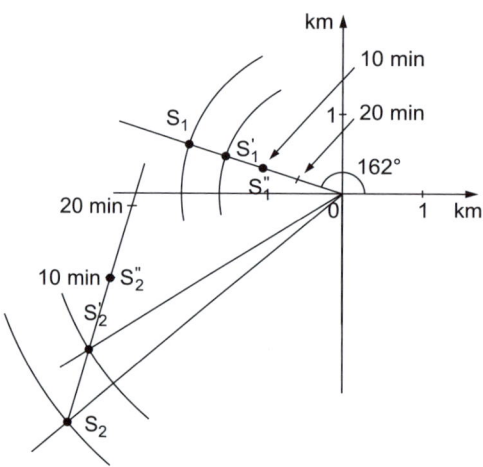

Offensichtlich kollidiert das Schiff S_1 mit dem eigenen Schiff, da der Winkel von 162° konstant geblieben ist und sich die Entfernung innerhalb des gemessenen Zeitraums von 10 min um 2,10 km − 1,59 km = 0,51 km verringert hat. Die noch verbleibende Zeit bis zur Kollision berechnet sich mithilfe des Quotienten

$$\frac{1{,}59 \text{ km}}{0{,}51 \text{ km}} = 3{,}1176 \text{ (10-min-Einheiten).}$$

Dies bedeutet, dass der Zusammenstoß etwa in **31 min** zu erwarten ist.
Aus dem Koordinatensystem lässt sich entnehmen, dass es zu keiner Kollision mit dem Schiff S_2 kommt.

c) Aus dem Koordinatensystem ist zu entnehmen, dass die beiden Schiffe S_1 und S_2 zwar ihre Schifffahrtswege kreuzen, aber nicht zeitgleich diese Stelle erreichen und somit **keine Kollision stattfindet.**

11 a) Bogenmaß (RAD-Einstellung):
$\sin 90 = 0,8939\ldots$
$\approx \mathbf{0,894}$

b) Bogenmaß (RAD-Einstellung):
$\cos\left(\frac{2}{3}\sqrt{5}\right) = 0,0799\ldots$
$\approx \mathbf{0,080}$

c) Bogenmaß (RAD-Einstellung):
$\tan\frac{\pi}{2}$ ist **nicht definiert**, da der Nenner den Wert 0 annimmt:

$\tan\frac{\pi}{2} = \dfrac{\sin\frac{\pi}{2}}{\cos\frac{\pi}{2}}$ mit $\cos\frac{\pi}{2} = 0$

d) Gradmaß (DEG-Einstellung):
$\sin \pi° = 0,05480\ldots$
$\approx \mathbf{0,055}$

e) Bogenmaß (RAD-Einstellung):
$\cos(8,8\pi) = -0,8090\ldots$
$\approx \mathbf{-0,809}$

f) Bogenmaß (RAD-Einstellung):
$\tan(6\pi) = \mathbf{0}$

g) Gradmaß (DEG-Einstellung):
$\sin 333° = -0,4539\ldots$
$\approx \mathbf{-0,454}$

h) Bogenmaß (RAD-Einstellung):
$\cos 0,2 = 0,9800\ldots$
$\approx \mathbf{0,980}$

12 Die fehlenden Einträge in der Tabelle lauten:

	Winkel(maß) α	Bogenmaß b	Bogenmaß b (als Vielfaches von π)
a)	$156°$	$\approx 2{,}72$	$\frac{13}{15}\pi$
b)	$\frac{3{,}14}{\pi}\cdot 180°\ (\approx 179{,}91°)$	$3{,}14$	$\approx 1{,}00\pi$
c)	$\sqrt{3}\cdot 90°\ (\approx 155{,}88°)$	$\approx 2{,}72$	$\frac{1}{2}\sqrt{3}\pi$
d)	$\frac{\sqrt{2}}{\pi}\cdot 180°\approx 81{,}03°$	$\sqrt{2}$	$\approx 0{,}45\pi$
e)	$120°$	$\approx 2{,}09$	$\frac{2}{3}\pi$
f)	$342°$	$\approx 5{,}97$	$1{,}9\pi$
g)	$\frac{0{,}16}{\pi}\cdot 180°\approx 9{,}17°$	$0{,}16$	$\approx 0{,}05\pi$
h)	$330°$	$\approx 5{,}76$	$\frac{11}{6}\pi$
i)	$1{,}1°$	$\approx 0{,}02$	$\frac{11}{1\,800}\pi$
j)	$400°$	$\approx 6{,}98$	$\frac{20}{9}\pi$
k)	$\frac{8}{\pi}\cdot 180°\approx 458{,}37°$	8	$\approx 2{,}55\pi$
l)	$900°$	$\approx 15{,}71$	5π

Rechenwege:

a) Setze den gegebenen Winkel in die Formel $b = \frac{\alpha}{180°}\cdot\pi$ ein:

$b = \frac{156°}{180°}\cdot\pi$

$\quad = \frac{13}{15}\pi$ \quad (exaktes Ergebnis)

Nach Multiplikation mit der Kreiszahl $\pi = 3{,}1415\ldots$ ergibt sich näherungsweise das Ergebnis:

$b \approx 2{,}72$

b) Setze das gegebene Bogenmaß in die Formel $\alpha = \frac{b}{\pi}\cdot 180°$ ein:

$\alpha = \frac{3{,}14}{\pi}\cdot 180°$ \quad (exaktes Ergebnis)

Näherungsweise (TR) lässt sich der Winkel (Einheit Grad) auch wie folgt angeben:

$\alpha \approx 179{,}91°$

Das gegebene Bogenmaß b = 3,14 kann nur näherungsweise (Division durch π) auch als Vielfaches von π angegeben werden:

$$b = \frac{3{,}14}{\pi} \cdot \pi$$

$$= 0{,}999 \dots \pi$$

$$\approx \mathbf{1{,}00\,\pi}$$

c) Setze das gegebene Bogenmaß in die Formel $\alpha = \frac{b}{\pi} \cdot 180°$ ein:

$$\alpha = \frac{\frac{1}{2}\sqrt{3} \cdot \pi}{\pi} \cdot 180°$$

$$= \frac{1}{2}\sqrt{3} \cdot 180°$$

$$= \mathbf{\sqrt{3} \cdot 90°} \qquad \text{(exaktes Ergebnis)}$$

Näherungsweise (TR) lässt sich der Winkel (Einheit Grad) auch wie folgt angeben:

$$\alpha \approx \mathbf{155{,}88°}$$

Das gegebene Bogenmaß $b = \frac{1}{2}\sqrt{3}\pi$ berechnet sich näherungsweise zu:

$$b \approx \mathbf{2{,}72}$$

d) Setze das gegebene Bogenmaß in die Formel $\alpha = \frac{b}{\pi} \cdot 180°$ ein:

$$\alpha = \mathbf{\frac{\sqrt{2}}{\pi} \cdot 180°} \qquad \text{(exaktes Ergebnis)}$$

Näherungsweise (TR) lässt sich der Winkel (Einheit Grad) auch wie folgt angeben:

$$\alpha = 0{,}4501 \dots \cdot 180°$$

$$\approx \mathbf{81{,}03°}$$

Das gegebene Bogenmaß $b = \sqrt{2}$ kann nur näherungsweise (Division durch π) auch als Vielfaches von π angegeben werden:

$$b = \frac{\sqrt{2}}{\pi} \cdot \pi$$

$$= \mathbf{0{,}45\pi}$$

e) Setze den gegebenen Winkel in die Formel $b = \frac{\alpha}{180°} \cdot \pi$ ein:

$$b = \frac{120°}{180°} \cdot \pi$$

$$= \mathbf{\frac{2}{3}\pi} \qquad \text{(exaktes Ergebnis)}$$

Nach Multiplikation mit der Kreiszahl $\pi = 3{,}1415\dots$ ergibt sich näherungsweise das Ergebnis:

$$b \approx \mathbf{2{,}09}$$

f) Setze das gegebene Bogenmaß in die Formel $\alpha = \frac{b}{\pi} \cdot 180°$ ein:

$$\alpha = \frac{1{,}9\pi}{\pi} \cdot 180°$$
$$= 1{,}9 \cdot 180°$$
$$= \mathbf{342°} \qquad \text{(exaktes Ergebnis)}$$

Das gegebene Bogenmaß $b = 1{,}9\pi$ berechnet sich näherungsweise zu:
$b \approx \mathbf{5{,}97}$

g) Setze das gegebene Bogenmaß in die Formel $\alpha = \frac{b}{\pi} \cdot 180°$ ein:

$$\alpha = \frac{0{,}16}{\pi} \cdot \mathbf{180°} \qquad \text{(exaktes Ergebnis)}$$

Näherungsweise (TR) lässt sich der Winkel (Einheit Grad) auch wie folgt angeben:
$$\alpha = 0{,}0509\ldots \cdot 180°$$
$$\approx \mathbf{9{,}17°}$$

Das gegebene Bogenmaß $b = 0{,}16$ kann nur näherungsweise (Division durch π) auch als Vielfaches von π angegeben werden:
$$b = \frac{0{,}16}{\pi} \cdot \pi$$
$$= \mathbf{0{,}05\pi}$$

h) Setze das gegebene Bogenmaß in die Formel $\alpha = \frac{b}{\pi} \cdot 180°$ ein:

$$\alpha = \frac{\frac{11}{6} \cdot \pi}{\pi} \cdot 180°$$
$$= \frac{11}{6} \cdot 180°$$
$$= \mathbf{330°} \qquad \text{(exaktes Ergebnis)}$$

Das gegebene Bogenmaß $b = \frac{11}{6}\pi$ berechnet sich näherungsweise zu:
$b \approx \mathbf{5{,}76}$

i) Setze den gegebenen Winkel in die Formel $b = \frac{\alpha}{180°} \cdot \pi$ ein:
$$b = \frac{1{,}1°}{180°} \cdot \pi$$
$$= \frac{11}{1\,800}\pi \qquad \text{(exaktes Ergebnis)}$$

Nach Multiplikation mit der Kreiszahl $\pi = 3{,}1415\ldots$ ergibt sich näherungsweise das Ergebnis:
$b \approx \mathbf{0{,}02}$

j) Setze den gegebenen Winkel in die Formel $b = \frac{\alpha}{180°} \cdot \pi$ ein:

$b = \frac{400°}{180°} \cdot \pi$

$\quad = \frac{20}{9}\pi$ $\qquad$ (exaktes Ergebnis)

Nach Multiplikation mit der Kreiszahl $\pi = 3,1415\ldots$ ergibt sich näherungs-weise das Ergebnis:

$b \approx \mathbf{6,98}$

k) Setze das gegebene Bogenmaß in die Formel $\alpha = \frac{b}{\pi} \cdot 180°$ ein:

$\alpha = \frac{8}{\pi} \cdot \mathbf{180°}$ $\qquad$ (exaktes Ergebnis)

Näherungsweise (TR) lässt sich der Winkel (Einheit Grad) auch wie folgt angeben:

$\alpha = 2,5464\ldots \cdot 180°$

$\quad \approx \mathbf{458,37°}$

Das gegebene Bogenmaß $b = 8$ kann nur näherungsweise (Division durch π) auch als Vielfaches von π angegeben werden:

$b = \frac{8}{\pi} \cdot \pi$

$\quad = \mathbf{2,55\pi}$

l) Setze das gegebene Bogenmaß in die Formel $\alpha = \frac{b}{\pi} \cdot 180°$ ein:

$\alpha = \frac{5 \cdot \pi}{\pi} \cdot 180°$

$\quad = 5 \cdot 180°$

$\quad = \mathbf{900°}$ $\qquad$ (exaktes Ergebnis)

Das gegebene Bogenmaß $b = 5\pi$ berechnet sich näherungsweise zu:

$b \approx \mathbf{15,71}$

13 a) Periodenlänge: etwa **5,5 s**

Amplitude: etwa $\frac{4,1\,\text{cm} - 0,4\,\text{cm}}{2} = \frac{3,7\,\text{cm}}{2} = \mathbf{1,85\ cm}$

b) Periodenlänge: zwischen **0,63 ms** und **0,64 ms**
Amplitude: etwa **900 Hz**

c) Periodenlänge: etwa **1,05 ms**
Amplitude: etwa **1 150 Hz**

d) Periodenlänge: etwa **9,5 ms**
Amplitude: etwa **1 500 Hz**

14   a) $f(x) = \sin x$

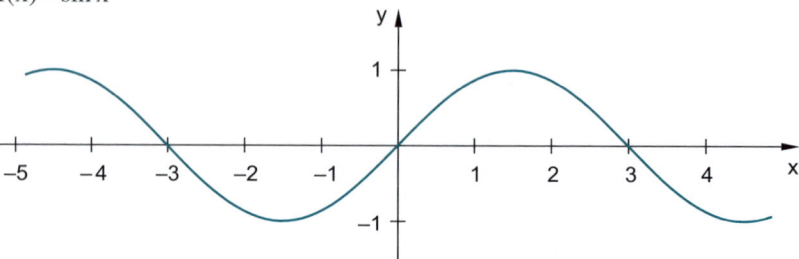

$f(x) = \cos x$

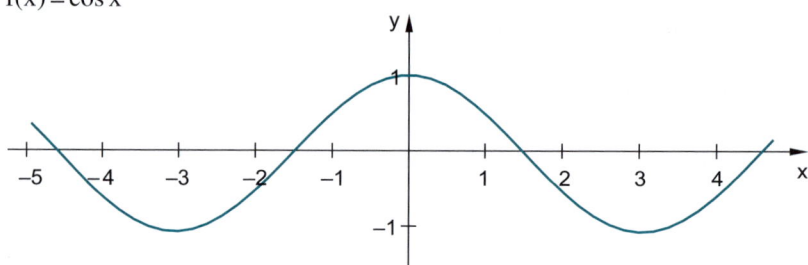

b) $f(x) = \sin x$

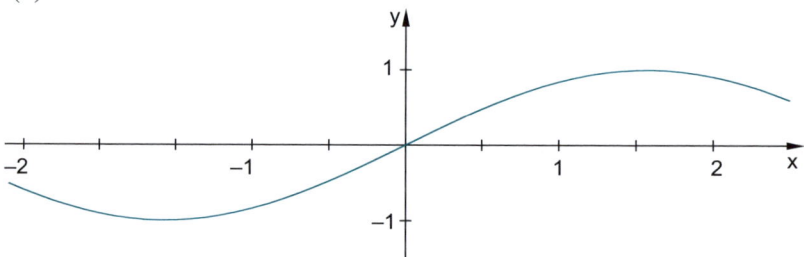

$f(x) = \cos x$

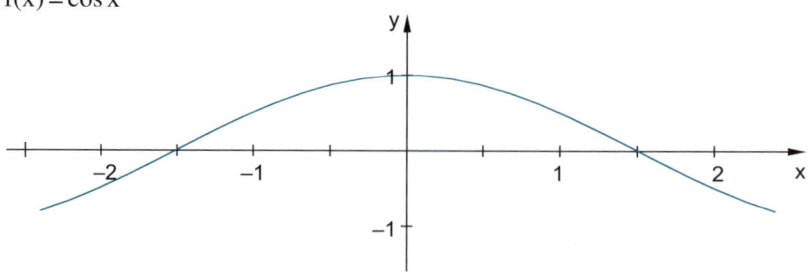

c) $f(x) = \sin x$

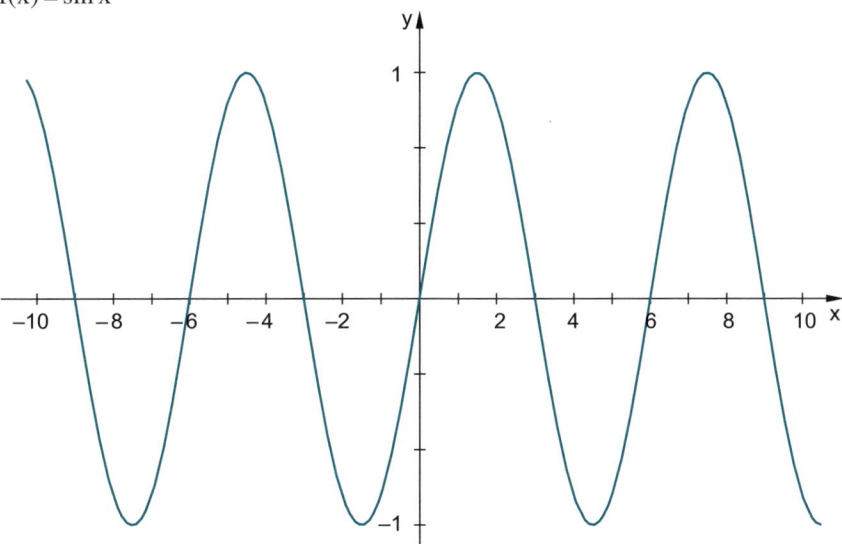

$f(x) = \cos x$

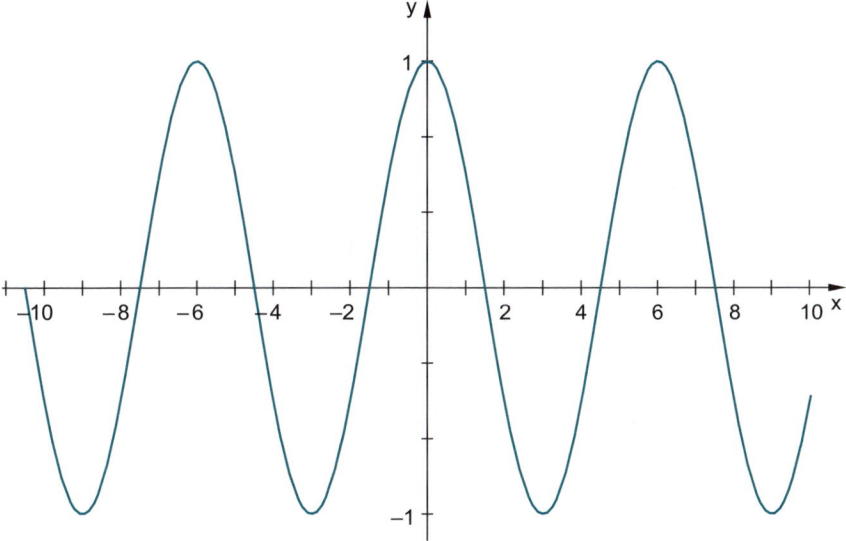

d) $f(x) = \sin x$

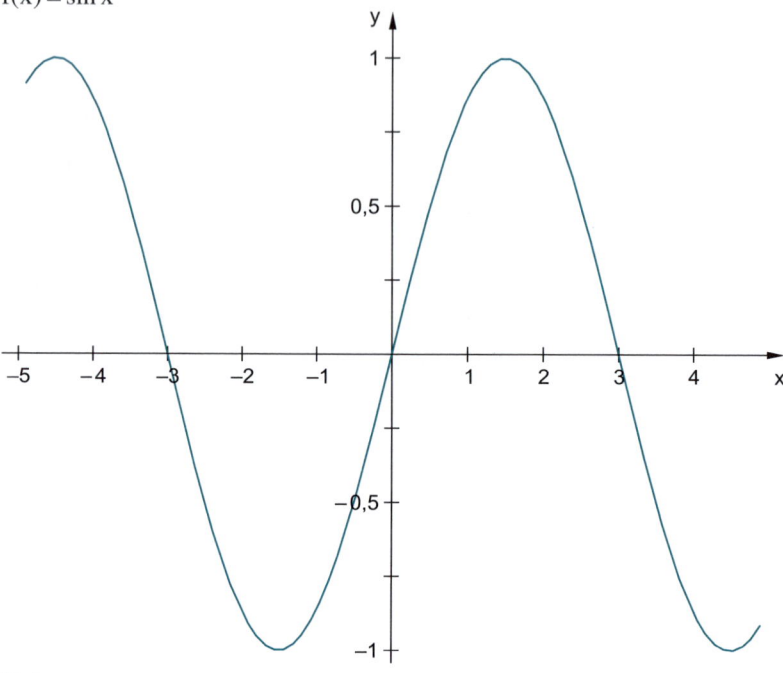

$f(x) = \cos x$

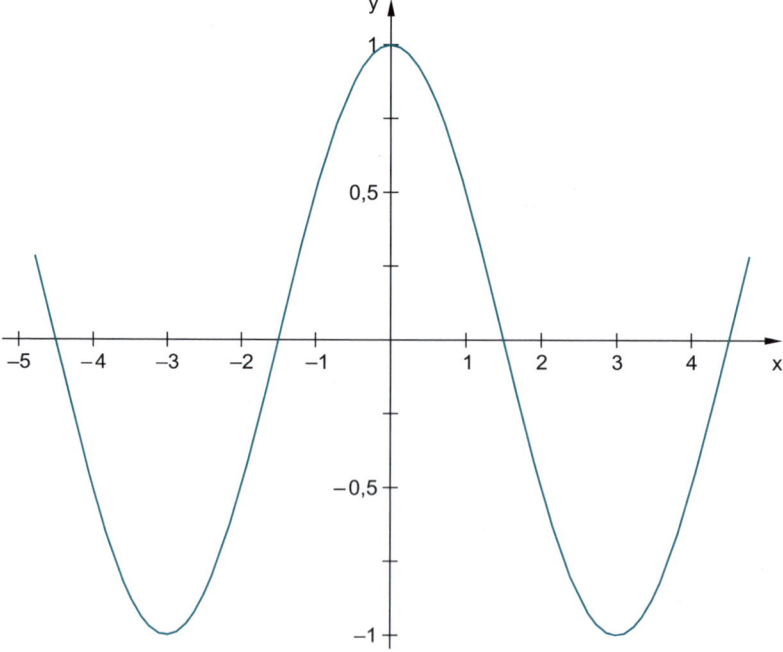

15 a) $\sin x = 0,7$

abgelesen: $x_1 = \mathbf{0,8}$ und $x_2 = \mathbf{2,4}$

TR: $x_1 = \mathbf{0,7753\ldots}$

Um auf den exakten zweiten x-Wert zu kommen, muss der Zusammenhang $\sin x = \sin(\pi - x)$ (bzw. $\sin \alpha = \sin(180° - \alpha)$) beachtet werden:

$x_2 = \pi - x_1$
$\quad = \mathbf{2,3661\ldots}$

b) $\cos x = -0,5$

abgelesen: $x_1 = \mathbf{2,1}$ und $x_2 = \mathbf{4,2}$

TR: $x_1 = \frac{2}{3}\pi = \mathbf{2,0943\ldots}$

Um auf den exakten zweiten x-Wert zu kommen, muss der Zusammenhang $\cos x = \cos(2\pi - x)$ (bzw. $\cos \alpha = \cos(360° - \alpha)$) beachtet werden:

$x_2 = 2\pi - x_1$

$\quad = \frac{4}{3}\pi$

$\quad = \mathbf{4,1887\ldots}$

c) $\cos 2,5 = y$

abgelesen: $y = \mathbf{-0,8}$

TR: $y = \mathbf{-0,8011\ldots}$

d) $\sin 4,2 = y$

abgelesen: $y = \mathbf{-0,9}$

TR: $y = \mathbf{-0,8715\ldots}$

16 a) $f(x) = \frac{1}{2}\sin(3x)$

Wertetabelle TR:

x	−3	−2	−1	0	1
f(x)	−0,206059	0,139708	−0,07056	0	0,07056

x	2	3	4	5	6
f(x)	−0,139708	0,206059	−0,268286	0,325144	−0,375494

x	7	8	9
f(x)	0,418328	−0,452789	0,478188

Graph der Funktion:

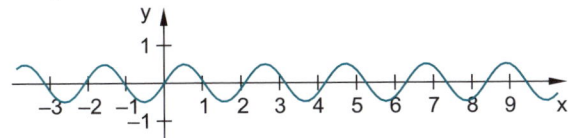

b) $f(x) = 4\cos(x+2)$

Wertetabelle TR:

x	−3	−2	−1	0	1
f(x)	2,161209	4	2,161209	−1,664587	−3,95997

x	2	3	4	5	6
f(x)	−2,614574	1,134649	3,840681	3,015609	−0,582

x	7	8	9
f(x)	−3,644521	−3,356286	0,017703

Graph der Funktion:

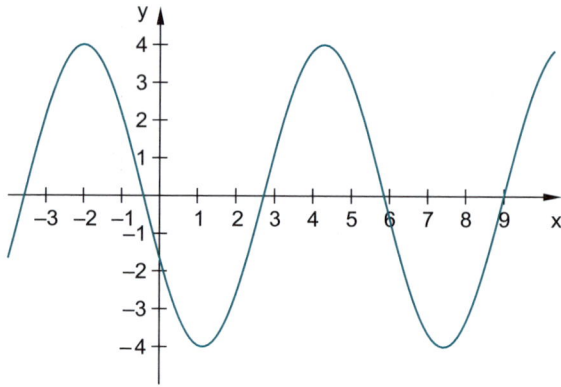

c) $f(x) = 3\sin x - 1,5$

Wertetabelle TR:

x	−3	−2	−1	0	1
f(x)	−1,92336	−4,227892	−4,024413	−1,5	1,024413

x	2	3	4	5	6
f(x)	1,227892	−1,07664	−3,770407	−4,376773	−2,338246

x	7	8	9
f(x)	0,47096	1,468075	−0,263645

Graph der Funktion:

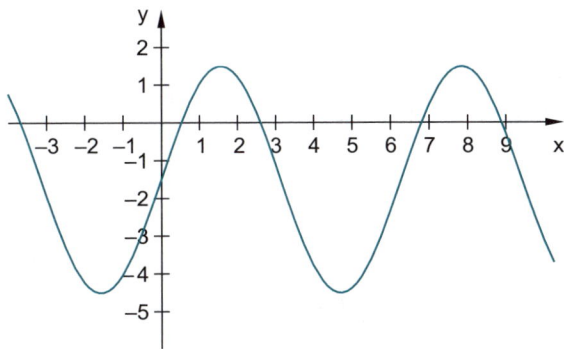

d) $f(x) = \cos(4x - \pi) + 2$

Wertetabelle TR:

x	−3	−2	−1	0	1
f(x)	1,156146	2,145500	2,653644	1	2,653644

x	2	3	4	5	6
f(x)	2,145500	1,156146	2,957659	1,591918	1,575821

x	7	8	9
f(x)	2,962606	1,165777	2,127964

Graph der Funktion:

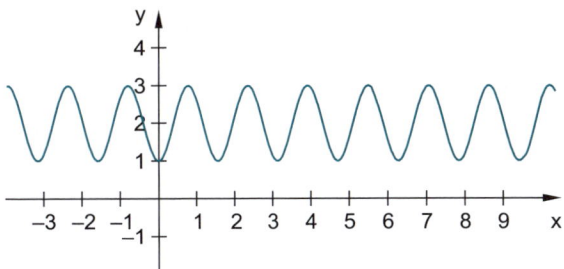

e) $f(x) = \frac{3}{2}\sin\left(\frac{1}{3}x + \frac{\pi}{2}\right)$

Wertetabelle TR:

x	−3	−2	−1	0	1
f(x)	0,810453	1,178831	1,417435	1,5	1,417435

x	2	3	4	5	6
f(x)	1,178831	0,810453	0,352856	−0,143585	−0,624220

x	7	8	9
f(x)	−1,036137	−1,333990	−1,484989

Graph der Funktion:

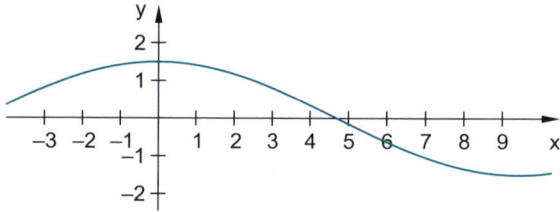

f) $f(x) = 2\cos(3x - 4) - 1$

Wertetabelle TR:

x	−3	−2	−1	0	1
f(x)	0,814894	−2,678143	0,507805	−2,307287	0,080605

x	2	3	4	5	6
f(x)	−1,832294	− 0,432676	−1,291	− 0,991149	− 0,726526

x	7	8	9
f(x)	−1,550327	− 0,183836	−2,065666

Graph der Funktion:

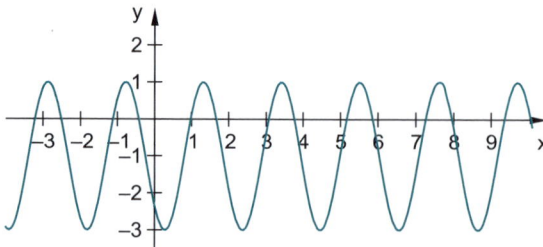

17 Hinweise und Tipps:

Benutze für die allgemeinen trigonometrischen Funktionen sin: $x \mapsto a \cdot \sin(bx + c) + d$ und cos: $x \mapsto a \cdot \cos(bx + c) + d$ jeweils die beiden Formeln $\left| \frac{2\pi}{b} \right|$ für die Periodenlänge und $\frac{|a| + d - (-|a| + d)}{2} = \frac{2 \cdot |a|}{2} = |a|$ für die Amplitude.

a) $f(x) = 1{,}5 \sin(2x + 3) - 7$

    Periodenlänge: $\quad \left| \frac{2\pi}{b} \right| = \left| \frac{2\pi}{2} \right| = |\pi| = \boldsymbol{\pi}$

    Amplitude: $\quad |a| = |1{,}5| = \boldsymbol{1{,}5}$

b) $f(x) = 3 \cos(x - 1) + 1$

    Periodenlänge: $\quad \left| \frac{2\pi}{b} \right| = \left| \frac{2\pi}{1} \right| = |2\pi| = \boldsymbol{2\pi}$

    Amplitude: $\quad |a| = |3| = \boldsymbol{3}$

c) $f(x) = 5 \sin(0{,}2x + 12)$

    Periodenlänge: $\quad \left| \frac{2\pi}{b} \right| = \left| \frac{2\pi}{0{,}2} \right| = |10\pi| = \boldsymbol{10\pi}$

    Amplitude: $\quad |a| = |5| = \boldsymbol{5}$

d) $f(x) = -\cos(7x - 6) + 5$

    Periodenlänge: $\quad \left| \frac{2\pi}{b} \right| = \left| \frac{2\pi}{7} \right| = \boldsymbol{\frac{2}{7}\pi}$

    Amplitude: $\quad |a| = |-1| = \boldsymbol{1}$

e) $f(x) = -0{,}1 \cdot \sin\left(-\frac{2}{3}x + \pi\right) + 5{,}4$

    Periodenlänge: $\quad \left| \frac{2\pi}{b} \right| = \left| \frac{2\pi}{-\frac{2}{3}} \right| = |-3\pi| = \boldsymbol{3\pi}$

    Amplitude: $\quad |a| = |-0{,}1| = \boldsymbol{0{,}1}$

f) $f(x) = -\pi - \frac{13\pi}{15} \cos\left(\frac{1}{2} - x\right)$

    Zuerst wird der Funktionsterm umgeformt:

$$f(x) = -\pi - \frac{13\pi}{15} \cos\left(\frac{1}{2} - x\right)$$
$$= -\frac{13\pi}{15} \cos\left(-x + \frac{1}{2}\right) - \pi$$

    Periodenlänge: $\quad \left| \frac{2\pi}{b} \right| = \left| \frac{2\pi}{-1} \right| = |-2\pi| = \boldsymbol{2\pi}$

    Amplitude: $\quad |a| = \left| -\frac{13\pi}{15} \right| = \boldsymbol{\frac{13\pi}{15}}$

18   a) Die Sinusfunktion wurde nur nach unten verschoben:

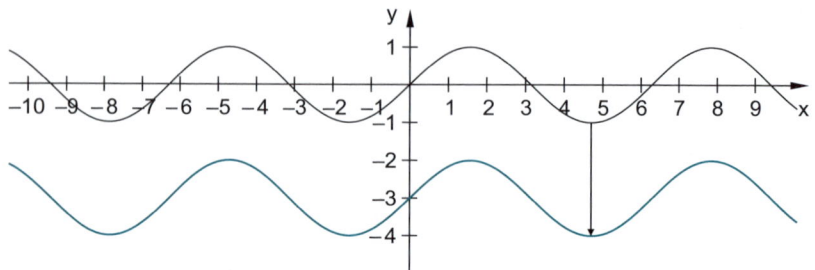

a = **1**
b = **1**   ⟹   f(x) = a · sin(bx + c) + d
c = **0**   = sin x − 3
d = **−3**

b) Die Sinus- oder Kosinusfunktion wurde nur nach links oder rechts verschoben. Da der Funktionsgraph exakt die Nullstelle x = 2 hat, kann es sich nur um eine verschobene Sinusfunktion handeln (da laut Aufgabenstellung nur ganzzahlige Parameter vorkommen). Diese wurde um 2 nach rechts verschoben.

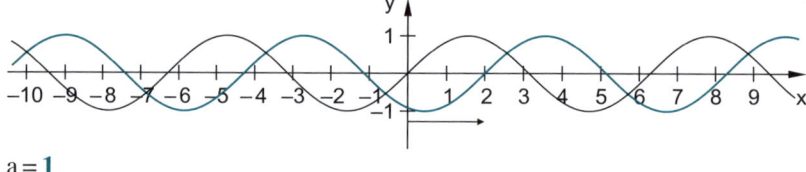

a = **1**
b = **1**   ⟹   f(x) = a · sin(bx + c) + d
c = **−2**   = sin(x − 2)
d = **0**

c) Der Graph schneidet die y-Achse exakt bei y = −2 und dies ist gleichzeitig der tiefste Punkt der periodischen Funktion. Es muss sich also um eine an der x-Achse gespiegelte Kosinusfunktion handeln, deren Amplitude 2 beträgt.

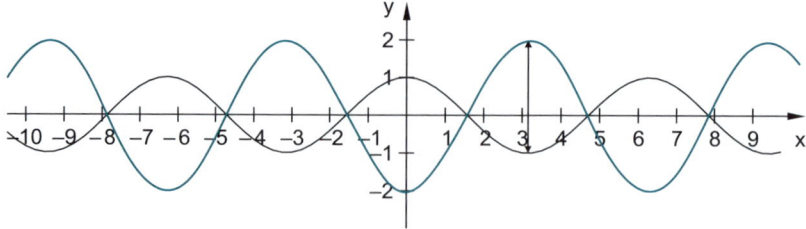

a = **−2**
b = **1**   ⟹   f(x) = a · cos(bx + c) + d
c = **0**   = −2 · cos x
d = **0**

d) Da der Koordinatenursprung eine Nullstelle der Funktion ist, muss es sich um die Sinusfunktion handeln. Die Länge der Periode liegt etwa bei 1,5 und das ist der vierte Teil von $6 \approx 2\pi$.

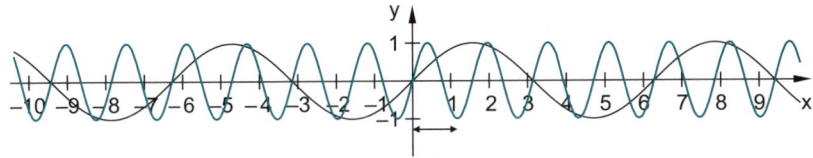

$a = 1$
$b = 4$ $\Rightarrow$ $f(x) = a \cdot \sin(bx + c) + d$
$c = 0$ $= \sin(4x)$
$d = 0$

e) Die Suche nach Punkten des Graphen, die nur ganzzahlige Koeffizienten aufweisen, ist nicht ganz leicht. $(-5\,|\,1)$ ist ein Element des Graphen und da dies keine Extremstelle ist, muss es sich hierbei um die Sinusfunktion handeln.

Der Punkt $(0\,|\,0)$ von $x \mapsto \sin x$ wurde also um 5 nach links und um 1 nach oben verschoben.

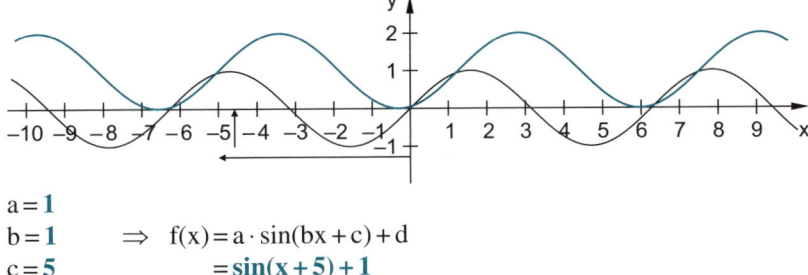

$a = 1$
$b = 1$ $\Rightarrow$ $f(x) = a \cdot \sin(bx + c) + d$
$c = 5$ $= \sin(x + 5) + 1$
$d = 1$

f) Der Punkt $(-1\,|\,3)$ fällt als markanter Punkt des Graphen auf. Da es sich hierbei um einen Hochpunkt handelt, muss die gesuchte Funktion eine Kosinusfunktion sein. Offensichtlich beträgt die Amplitude 3 und die Periodenlänge ist auf etwa 3, also um den Faktor 2, verkürzt. Die Verschiebung erfolgt in negative x-Richtung und zwar ablesbar um eine Einheit. Angesichts der Verkürzung der Länge der Periode bedeutet dies aber, dass die Verschiebung in x-Richtung eigentlich zwei Einheiten beträgt.

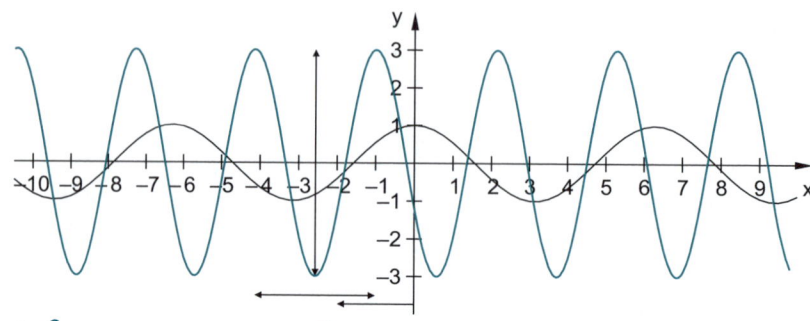

$a = 3$
$b = 2$ $\Rightarrow$ $f(x) = a \cdot \cos(bx + c) + d$
$c = 2$ $= 3\cos(2x + 2)$
$d = 0$

19   a) $f(x) = 3\cos(x - \pi)$

Ansatz zur Nullstellenberechnung einer Funktion: $f(x) = 0$

$3\cos(x - \pi) = 0$ $|:3$

$\cos(x - \pi) = 0$ $|\cos^{-1}$

$x - \pi = \frac{1}{2}\pi$ $|+\pi$

$x = \frac{3}{2}\pi$ (rein rechnerische Betrachtung!)

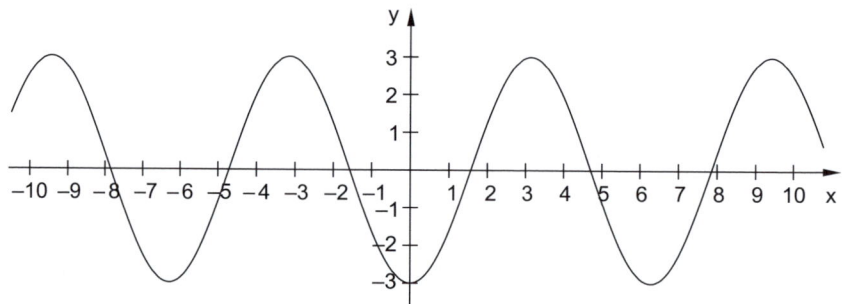

Aber auch für $x = \frac{1}{2}\pi$ ist $f(x) = 0$ und da die Funktion $f(x) = 3\cos(x - \pi)$ periodisch mit der Länge 2π ist, ergeben sich unendlich viele Nullstellen. Diese lassen sich allgemein mithilfe eines Parameters k angeben:

Nullstellen $x_k = \frac{1}{2}\pi \cdot (2k - 1)$, $k \in \mathbb{Z}$

Also beispielsweise:

$x_{-2} = \frac{1}{2}\pi \cdot (2 \cdot (-2) - 1) = -\frac{5}{2}\pi$

$x_{-1} = \frac{1}{2}\pi \cdot (2 \cdot (-1) - 1) = -\frac{3}{2}\pi$

$x_0 = \frac{1}{2}\pi \cdot (2 \cdot 0 - 1) = -\frac{1}{2}\pi$

$x_1 = \frac{1}{2}\pi \cdot (2 \cdot 1 - 1) = \frac{1}{2}\pi$

$x_2 = \frac{1}{2}\pi \cdot (2 \cdot 2 - 1) = \frac{3}{2}\pi$

b) $f(x) = \pi - 2\sin x$

Ansatz: $f(x) = 0$

$\pi - 2\sin x = 0 \qquad |-\pi$

$-2\sin x = -\pi \qquad |:(-2)$

$\sin x = \frac{\pi}{2}$

Dies ist aber nicht möglich, weil die Wertemenge von $\sin x$ den Wert $\frac{\pi}{2}$ nicht enthält. Es gibt keine Nullstellen.

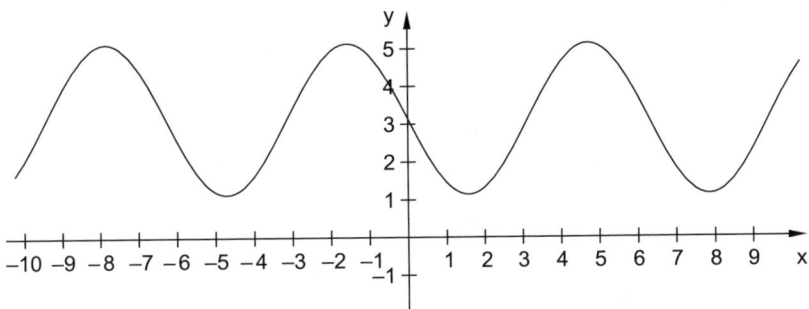

c) $f(x) = -\frac{3}{10}\cos\left(\frac{\pi}{4}x\right)$

Ansatz: $f(x) = 0$

$-\frac{3}{10}\cos\left(\frac{\pi}{4}x\right) = 0 \qquad |:\left(-\frac{3}{10}\right)$

$\cos\left(\frac{\pi}{4}x\right) = 0 \qquad |\cos^{-1}$

$\frac{\pi}{4}x = \frac{\pi}{2} \qquad |:\frac{\pi}{4}$

$x = 2 \qquad\qquad$ (rein rechnerische Betrachtung!)

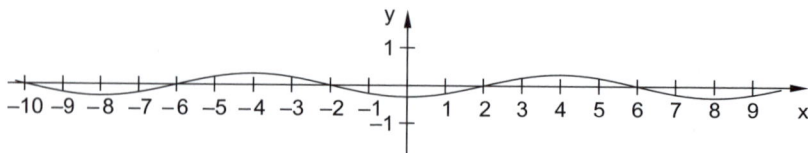

Da die Periodenlänge $\left| \frac{2\pi}{\frac{\pi}{4}} \right| = 8$ beträgt, wiederholen sich die Nullstellen je-

weils nach 4 Längeneinheiten.
Die unendlich vielen Nullstellen lassen sich allgemein mithilfe eines Parame-
ters k angeben:
Nullstellen $x_k = 2 \cdot (2k-1), k \in \mathbb{Z}$

Also beispielsweise:

$x_{-2} = 2 \cdot (2 \cdot (-2) - 1) = -10$
$x_{-1} = 2 \cdot (2 \cdot (-1) - 1) = -6$
$x_0 = 2 \cdot (2 \cdot 0 - 1) = -2$
$x_1 = 2 \cdot (2 \cdot 1 - 1) = 2$
$x_2 = 2 \cdot (2 \cdot 2 - 1) = 6$

d) $f(x) = -6 \sin\left(\frac{1}{5}x - \pi\right)$

Ansatz: $f(x) = 0$

$-6\sin\left(\frac{1}{5}x - \pi\right) = 0 \qquad |:(-6)$

$\sin\left(\frac{1}{5}x - \pi\right) = 0 \qquad |\sin^{-1}$

$\frac{1}{5}x - \pi = 0 \qquad |+\pi$

$\frac{1}{5}x = \pi \qquad |:\frac{1}{5}$

$x = 5\pi \qquad$ (rein rechnerische Betrachtung!)

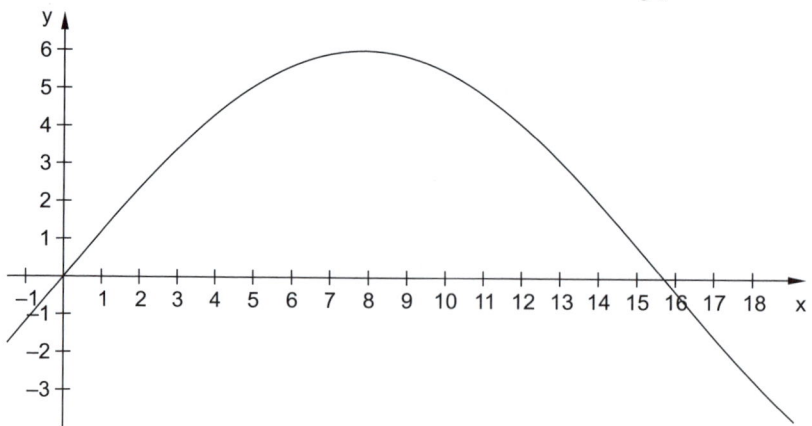

Da die Periodenlänge $\left|\frac{2\pi}{\frac{1}{5}}\right| = 10\pi$ beträgt, wiederholen sich die Nullstellen

jeweils nach 5π Längeneinheiten.
Die unendlich vielen Nullstellen lassen sich allgemein mithilfe eines Parameters k angeben:
Nullstellen $x_k = \mathbf{5\pi \cdot k}, k \in \mathbb{Z}$

Also beispielsweise:
$x_{-2} = 5\pi \cdot (-2) = -10\pi$
$x_{-1} = 5\pi \cdot (-1) = -5\pi$
$x_0 = 5\pi \cdot 0 = 0$
$x_1 = 5\pi \cdot 1 = 5\pi$
$x_2 = 5\pi \cdot 2 = 10\pi$

20 a) Gegeben sind der Mittelpunktswinkel $\mu = 40°$ und der Radius $r = 4$ cm des Kreissektors.
Diese Größen können direkt in die Formel $A_S = \frac{\mu}{360°} r^2 \pi$ eingesetzt werden:

$A_S = \frac{\mu}{360°} r^2 \pi$

$\quad = \frac{40°}{360°}(4 \text{ cm})^2 \pi$

$\quad = \mathbf{\frac{16}{9} \pi \text{ cm}^2}$

Sinnvoller Taschenrechnerwert: $A_S \approx \mathbf{5{,}59 \text{ cm}^2}$

b) Gegeben sind die Bogenlänge $b = 4$ cm und der Radius $r = 7$ cm des Kreissektors.
Diese Größen können direkt in die Formel $A_S = \frac{1}{2}br$ eingesetzt werden:

$A_S = \frac{1}{2} \cdot 4 \text{ cm} \cdot 7 \text{ cm}$

$\quad = \mathbf{14 \text{ cm}^2}$

c) Bei diesem Kreissektor sind der Radius $r = 2$ m und ein Winkel μ', aus dem der Mittelpunktswinkel $\mu = 360° - \mu' = 360° - 104° = 256°$ berechnet werden kann, gegeben.
Diese Größen können dann in die Formel $A_S = \frac{\mu}{360°} r^2 \pi$ eingesetzt werden:

$A_S = \frac{\mu}{360°} r^2 \pi$

$\quad = \frac{256°}{360°}(2 \text{ m})^2 \pi$

$\quad = \mathbf{\frac{128}{45} \pi \text{ m}^2}$

Sinnvoller Taschenrechnerwert: $A_S \approx \mathbf{8{,}94 \text{ m}^2}$

d) Gegeben sind der Mittelpunktswinkel $\mu = 52°$ und der Radius $r = 6$ dm des Kreissektors.

Diese Größen können direkt in die Formel $A_S = \frac{\mu}{360°} r^2 \pi$ eingesetzt werden:

$$A_S = \frac{\mu}{360°} r^2 \pi$$

$$= \frac{52}{360°} (6 \text{ dm})^2 \pi$$

$$= \frac{26}{5} \pi \text{ dm}^2$$

Sinnvoller Taschenrechnerwert: $A_S \approx \textbf{16,34 dm}^2$

e) Gegeben sind der Mittelpunktswinkel $\mu = 299°$ und der Radius $r = 4$ dm des Kreissektors.

Diese Größen können direkt in die Formel $A_S = \frac{\mu}{360°} r^2 \pi$ eingesetzt werden:

$$A_S = \frac{\mu}{360°} r^2 \pi$$

$$= \frac{299°}{360°} (4 \text{ dm})^2 \pi$$

$$= \frac{598}{45} \pi \text{ dm}^2$$

Sinnvoller Taschenrechnerwert: $A_S \approx \textbf{41,75 dm}^2$

f) Gegeben sind die Bogenlänge $b = 17,3$ m und der Radius $r = 1$ m des Kreissektors.

Die beiden gegebenen Größen legen das Einsetzen in die Formel $A_S = \frac{1}{2} br$ und damit folgendes Ergebnis nahe:

$$A_S = \frac{1}{2} \cdot 17,3 \text{ m} \cdot 1 \text{ m}$$

$$= 8,65 \text{ m}^2$$

Die Schwierigkeit der Aufgabe liegt jedoch an einer anderen Stelle. Ein Vollkreis mit dem Radius $r = 1$ m besitzt folgenden Flächeninhalt:

$$A_K = r^2 \pi$$

$$= (1 \text{ m})^2 \pi$$

$$= \pi \text{ m}^2$$

$$\approx 3,14 \text{ m}^2$$

Da die Sektorfläche nicht größer als die zugehörige Kreisfläche sein kann, liegt der Aufgabenstellung ein unmöglicher Kreissektor zugrunde.

Ergebnis:

Die Sektorfläche **kann nicht berechnet werden**, da die gegebenen Größen keinen Kreissektor beschreiben.

21 Die geforderte Flächengleichheit wird durch den Ansatz $10 \cdot A_{S_1} = A_{S_2}$ beschrieben. Die gegebenen Größen müssen in die entsprechenden Formeln für den Kreissektor eingesetzt werden:

$$10 \cdot A_{S_1} = A_{S_2}$$

$$10 \cdot \frac{\mu_1}{360°} \cdot r_1^2 \pi = \frac{1}{2} b_2 r_2$$

$$10 \cdot \frac{333°}{360°} \cdot r_1^2 \pi = \frac{1}{2} \cdot 2 \, \text{cm} \cdot 6,2 \, \text{dm}$$

Nach Vereinheitlichung der Einheiten kann die Gleichung vereinfacht und nach dem gesuchten Radius r_1 aufgelöst werden:

$$\frac{37}{4} \cdot r_1^2 \pi = 1 \, \text{cm} \cdot 62 \, \text{cm}$$

$$\frac{37}{4} \cdot r_1^2 \pi = 62 \, \text{cm}^2 \qquad \left| \cdot \frac{4}{37\pi} \right.$$

$$r_1^2 = \frac{4}{37\pi} \cdot 62 \, \text{cm}^2$$

$$r_1^2 = \frac{248}{37\pi} \cdot \text{cm}^2 \qquad \left| \sqrt{} \right.$$

$$r_1 = \sqrt{\frac{248}{37\pi}} \, \text{cm}$$

$$r_1 \approx \mathbf{1{,}46 \ cm}$$

22 a) Bei gegebenem Flächeninhalt und gesuchtem Mittelpunktswinkel muss die Formel $A_S = \frac{\mu}{360°} \cdot r^2 \pi$ entsprechend umgeformt werden:

$$A_S = \frac{\mu}{360°} \cdot r^2 \pi \qquad \left| \cdot \frac{360°}{r^2 \pi} \right.$$

$$\frac{A_S \cdot 360°}{r^2 \pi} = \mu$$

Der gegebene Radius
$r = 60 \, \text{cm} = 0,6 \, \text{m}$
kann unmittelbar in diese Formel eingesetzt werden.

Hinweise und Tipps:
Achte auf die notwendige Einheitengleichheit:
$A_S = 1 \, \text{m}^2$ und $r = 0,6 \, \text{m}$ bzw.
$A_S = 100 \, \text{dm}^2$ und $r = 6 \, \text{dm}$ bzw.
$A_S = 10\,000 \, \text{cm}^2$ und $r = 60 \, \text{cm}$

$$\mu = \frac{1 \, \text{m}^2 \cdot 360°}{(0,6 \, \text{m})^2 \cdot \pi}$$

$$= \frac{1 \, \text{m}^2 \cdot 360°}{0,36 \, \text{m}^2 \cdot \pi}$$

$$= \frac{1\,000°}{\pi}$$

$$\approx \mathbf{318°}$$

b) Aus der gegebenen Bogenlänge b = 3,24 m muss zunächst der Radius r bestimmt werden.

$$A_S = \frac{1}{2} b \cdot r$$

$$1\,m^2 = \frac{1}{2} \cdot 3,24\,m \cdot r \qquad \Big| \cdot \frac{2}{3,24\,m}$$

$$\frac{1\,m^2 \cdot 2}{3,24\,m} = r$$

$$r = \frac{50}{81}\,m$$

Dieser Radius kann anschließend in die in Teilaufgabe a gewonnene Formel $\mu = \frac{A_S \cdot 360°}{r^2 \pi}$ eingesetzt werden:

$$\mu = \frac{1\,m^2 \cdot 360°}{\left(\frac{50}{81}\,m\right)^2 \cdot \pi}$$

$$= \frac{1\,m^2 \cdot 360°}{\frac{2\,500}{6\,561}\,m^2 \cdot \pi}$$

$$= \frac{118\,098°}{125\pi}$$

$$\approx \mathbf{301°}$$

23 Hinweise und Tipps:

Zur Bestimmung der fehlenden Größen des Kreissektors müssen die beiden Formeln $A_S = \frac{1}{2} b r$ und $A_S = \frac{\mu}{360°} r^2 \pi$

benutzt und gegebenenfalls umgeformt werden.

	A_S	b	r	μ
a)	**10,3 cm²**	**2,93 cm**	7 cm	24°
b)	**84 cm²**	7 cm	24 cm	**196°**
c)	7 dm²	24 cm	**58,3 cm**	**23,6**
d)	24 cm²	**2,42 cm**	**19,8 cm**	7°

Rechenwege:

a) Aus den gegebenen Größen r = 7 cm und μ = 24° kann zunächst die Sektorfläche berechnet werden:

$$A_S = \frac{\mu}{360°} \cdot r^2 \pi$$

$$= \frac{24°}{360°} \cdot (7\,cm)^2 \cdot \pi$$

$$= \frac{49}{15} \pi\,cm^2$$

$$\approx \mathbf{10,3\,cm^2}$$

Nun lässt sich mithilfe der Formel $A_S = \frac{1}{2} br$ die Bogenlänge b berechnen:

$$A_S = \frac{1}{2} br$$

$$\frac{49}{15} \pi \, cm^2 = \frac{1}{2} \cdot b \cdot 7 \, cm \qquad \Big| \cdot \frac{2}{7 \, cm}$$

$$\frac{49}{15} \pi \, cm^2 \cdot \frac{2}{7 \, cm} = b$$

$$b = \frac{14}{15} \pi \, cm$$

$$\mathbf{b \approx 2,93 \, cm}$$

b) Aus den gegebenen Größen b = 7 cm und r = 24 cm berechnet man unmittelbar die Sektorfläche A_S:

$$A_S = \frac{1}{2} br$$

$$= \frac{1}{2} \cdot 7 \, cm \cdot 24 \, cm$$

$$\mathbf{= 84 \, cm^2}$$

Der noch gesuchte Mittelpunktswinkel μ ergibt sich nach Auflösen aus der Formel $A_S = \frac{\mu}{360°} r^2 \pi$:

$$A_S = \frac{\mu}{360°} r^2 \pi$$

$$84 \, cm^2 = \frac{\mu}{360°} \cdot (7 \, cm)^2 \cdot \pi \qquad \Big| \cdot \frac{360°}{(7 \, cm)^2 \cdot \pi}$$

$$\frac{84 \, cm^2 \cdot 360°}{(7 \, cm)^2 \cdot \pi} = \mu$$

$$\mu = \frac{4\,370°}{7\pi}$$

$$\mathbf{\mu \approx 196°}$$

c) Setzt man die gegebenen Größen $A_S = 7 \, dm^2 = 700 \, cm^2$ und b = 24 cm in die Formel $A_S = \frac{1}{2} br$ ein, so lässt sich zunächst der Radius r bestimmen:

$$A_S = \frac{1}{2} br$$

$$700 \, cm^2 = \frac{1}{2} \cdot 24 \, cm \cdot r \qquad \Big| \cdot \frac{2}{24 \, cm}$$

$$\frac{700 \, cm^2 \cdot 2}{24 \, cm} = r$$

$$r = \frac{175}{3} \, cm$$

$$\mathbf{r \approx 58,3 \, cm}$$

Der noch gesuchte Mittelpunktswinkel μ ergibt sich nach dem Auflösen der Formel $A_S = \frac{\mu}{360°} \cdot r^2 \pi$:

$$A_S = \frac{\mu}{360°} \cdot r^2 \pi$$

$$700 \text{ cm}^2 = \frac{\mu}{360°} \cdot \left(\frac{175}{3} \text{ cm}\right)^2 \pi \qquad \Big| \cdot \frac{360°}{\left(\frac{175}{3} \text{ cm}\right)^2 \cdot \pi}$$

$$\frac{700 \text{ cm}^2 \cdot 360°}{\left(\frac{175}{3} \text{ cm}\right)^2 \cdot \pi} = \mu$$

$$\mu = \frac{2\,592°}{35\pi}$$

$$\mu \approx \mathbf{23{,}6°}$$

d) Bei gegebener Sektorfläche $A_S = 24 \text{ cm}^2$ und gegebenem $\mu = 7°$ berechnet man zunächst den Radius r:

$$A_S = \frac{\mu}{360°} \cdot r^2 \pi$$

$$24 \text{ cm}^2 = \frac{7°}{360°} r^2 \pi \qquad \Big| \cdot \frac{360°}{7° \cdot \pi}$$

$$24 \text{ cm}^2 \cdot \frac{360°}{7° \cdot \pi} = r^2$$

$$r^2 = \frac{8\,640}{7\pi} \text{ cm}^2 \qquad \Big| \sqrt{}$$

$$r = \frac{24}{7} \sqrt{\frac{105}{\pi}} \text{ cm}$$

$$r = \frac{24}{7} \cdot \sqrt{\frac{105\pi}{\pi^2}} \text{ cm}$$

$$r = \frac{24}{7\pi} \sqrt{105\pi} \text{ cm}$$

$$r \approx \mathbf{19{,}8 \text{ cm}}$$

Mittels der Formel $A_S = \frac{1}{2} br$ kann nun die noch gesuchte Bogenlänge b berechnet werden:

$$A_S = \frac{1}{2} br$$

$$24 \text{ cm}^2 = \frac{1}{2} \cdot b \cdot \frac{24}{7\pi} \sqrt{105\pi} \text{ cm} \qquad \Big| \cdot \frac{2}{\frac{24}{7\pi}\sqrt{105\pi} \text{ cm}}$$

$$\frac{24 \text{ cm}^2 \cdot 2}{\frac{24}{7\pi} \cdot \sqrt{105\pi} \text{ cm}} = b$$

$$b = \frac{48\,\text{cm}^2 \cdot \sqrt{105\pi}}{\frac{24}{7\pi}\sqrt{105\pi}\,\text{cm} \cdot \sqrt{105\pi}}$$

$$b = \frac{48\sqrt{105\pi}\,\text{cm}^2}{\frac{24}{7\pi} \cdot 105\pi\,\text{cm}}$$

$$b = \frac{48\sqrt{105\pi}\,\text{cm}^2}{360\,\text{cm}}$$

$$b = \frac{2}{15}\sqrt{105\pi}\,\text{cm}$$

$$b \approx \mathbf{2,42\ cm}$$

24 Die Sektorflächen müssen flächengleich zur Quadratfläche sein:

$$A_Q = 3\,\text{cm} \cdot 3\,\text{cm}$$
$$= 9\,\text{cm}^2$$

Gibt man sich einen Mittelpunktswinkel μ vor, so lässt sich aus der Formel $A_S = \frac{\mu}{360°}r^2\pi$ der Radius r bestimmen:

$$A_S = \frac{\mu}{360°}r^2\pi \quad \Big| \cdot \frac{360°}{\mu \cdot \pi}$$

$$\frac{A_S \cdot 360°}{\mu \cdot \pi} = r^2$$

$$r = \sqrt{\frac{A_S \cdot 360°}{\mu \cdot \pi}}$$

Für die Lösung der Aufgabe wählt man nun einen beliebigen Winkel aus den geforderten Bereichen und berechnet den entsprechenden Radius r.

Bereich $0° < \mu_1 < 90°$, wähle z. B. $\mu_1 = 60°$

$$r_1 = \sqrt{\frac{A_S \cdot 360°}{\mu_1 \cdot \pi}}$$

$$= \sqrt{\frac{9\,\text{cm}^2 \cdot 360°}{60° \cdot \pi}}$$

$$\approx 4,1\,\text{cm}$$

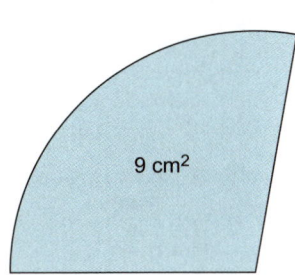

9 cm²

Bereich $90° < \mu_2 < 180°$, wähle z. B. $\mu_2 = 100°$

$$r_2 = \sqrt{\frac{9\,\text{cm}^2 \cdot 360°}{100° \cdot \pi}}$$

$$\approx 3,2\,\text{cm}$$

9 cm²

Bereich $180° < \mu_3 < 270°$, wähle z. B.
$\mu_3 = 240°$

$$r_3 = \sqrt{\frac{9\ \text{cm}^2 \cdot 360°}{240° \cdot \pi}}$$

$$\approx 2,1\ \text{cm}$$

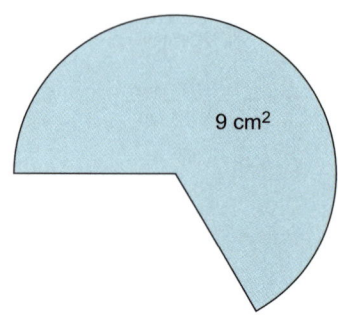

9 cm²

25 Für die Flächengleichheit setzt man die Formeln gleich:

$$A_{S_1} = A_{S_2}$$

$$\frac{\mu_1}{360°} \cdot 5^2 \pi = \frac{\mu_2}{360°} \cdot 7^2 \pi$$

$$\frac{\mu_1}{360°} \cdot 25\pi = \frac{\mu_2}{360°} \cdot 49\pi \qquad \Big|\cdot \frac{360°}{\pi}$$

$$\mu_1 \cdot 25 = \mu_2 \cdot 49 \qquad \Big|:25$$

$$\mu_1 = \frac{49}{25}\mu_2$$

Aus dieser nicht weiter zu vereinfachenden Gleichung folgt, dass es unendlich viele Lösungspaare $(\mu_1 \mid \mu_2) = \left(\frac{49}{25}\mu_2 \mid \mu_2\right)$ gibt, für die alle die geforderte Flächengleichheit gilt.

Beispiele für solche Lösungspaare wären:
$$\mu_2 = 10° \;\Rightarrow\; \mu_1 = \frac{49}{25} \cdot 10° = 19,6°$$
oder:
$$\mu_2 = 60° \;\Rightarrow\; \mu_1 = \frac{49}{25} \cdot 60° = 117,6°$$

Bei den Lösungspaaren muss darauf geachtet werden, dass μ_1 die Größe von $360°$ nicht überschreitet. Der entsprechende maximal mögliche Mittelpunktswinkel μ_2 kann wie folgt berechnet werden:

$$\mu_1 = 360°$$

$$\frac{49}{25}\mu_2 = 360°$$

$$\mu_2 = 360° \cdot \frac{25}{49}$$

$$\mu_2 = \frac{9\,000°}{49}$$

$$\mu_2 \approx 183,67° \qquad \text{(maximal möglicher Winkel)}$$

Den unendlich vielen Lösungspaaren $(\mu_1 \mid \mu_2) = \left(\frac{49}{25}\mu_2 \mid \mu_2\right)$ ist die Definitionsmenge $0° \leq \mu_2 \leq \frac{9\,000°}{49}$ zugrunde gelegt.

26 a) Die gegebenen Größen dieses Kreissegments sind der Mittelpunktswinkel $\mu = 218°$, der Radius $r = 2{,}5$ dm $= 25$ cm und die Länge der Sehne $s = 45$ cm. Da $\mu > 180°$ ist, setzt man die gegebenen Größen in die Formel $A' = A_S + A_D$ ein:

$$A' = A_S + A_D$$

$$= \frac{\mu}{360°}r^2\pi + \frac{1}{2}s\sqrt{r^2 - \left(\frac{s}{2}\right)^2}$$

$$= \frac{218°}{360°} \cdot (25 \text{ cm})^2\pi + \frac{1}{2} \cdot 45 \text{ cm} \cdot \sqrt{(25 \text{ cm})^2 - \left(\frac{45 \text{ cm}}{2}\right)^2}$$

$$= \frac{109}{180} \cdot 625\pi \text{ cm}^2 + \frac{45}{2} \text{ cm} \cdot \sqrt{625 \text{ cm}^2 - \frac{2\,025 \text{cm}^2}{4}}$$

$$= \frac{13\,625}{36}\pi \text{ cm}^2 + \frac{45}{2} \text{ cm} \cdot \sqrt{\frac{475 \text{ cm}^2}{4}}$$

$$= \frac{13\,625}{36}\pi \text{ cm}^2 + \frac{45}{2} \text{ cm} \cdot \frac{5\sqrt{19}}{2} \text{ cm}$$

$$= \boldsymbol{\frac{13\,625}{36}\pi \text{ cm}^2 + \frac{225\sqrt{19}}{4} \text{ cm}^2}$$

Sinnvoller Taschenrechnerwert: $A' \approx 1\,434 \text{ cm}^2 \approx \boldsymbol{14{,}3 \text{ dm}^2}$

b) Die gegebenen Größen dieses Kreissegments sind der Radius $r = 6$ cm und die Bogenlänge $b = 6{,}5$ cm. Der noch fehlende Mittelpunktswinkel μ kann aus der „Anteilsgleichheit" $\frac{b}{2r\pi} = \frac{\mu}{360°}$ bestimmt werden:

$$\frac{6{,}5 \text{ cm}}{2 \cdot 6 \text{ cm} \cdot \pi} = \frac{\mu}{360°}$$

$$\mu = \frac{6{,}5 \text{ cm}}{2 \cdot 6 \text{ cm} \cdot \pi} \cdot 360°$$

$$\mu = \frac{195°}{\pi}$$

$$\mu \approx 62{,}07°$$

Da der Mittelpunktswinkel μ zwischen $0°$ und $180°$ liegt, setzt man die gegebenen Größen in die Formel $A' = A_S - A_D$ ein:

$$A' = A_S - A_D$$

$$= \frac{1}{2}br - r^2 \cdot \sin\frac{\mu}{2}\cos\frac{\mu}{2}$$

$$= \frac{1}{2} \cdot 6{,}5 \text{ cm} \cdot 6 \text{ cm} - (6 \text{ cm})^2 \cdot \sin\frac{195°}{2\pi}\cos\frac{195°}{2\pi}$$

$$= \boldsymbol{\frac{39}{2} \text{ cm}^2 - 36 \text{ cm}^2 \cdot \sin\frac{195°}{2\pi}\cos\frac{195°}{2\pi}}$$

Sinnvoller Taschenrechnerwert: $A' \approx \boldsymbol{3{,}60 \text{ cm}^2}$

c) Die gegebenen Größen des Kreissegments sind der Radius r = 2,8 dm und der Mittelpunktswinkel μ = 124°. Diese können unmittelbar in die Formel $A' = A_S - A_D$ eingesetzt werden:

$$A' = \frac{\mu}{360°} r^2 \pi - r^2 \sin\frac{\mu}{2} \cdot \cos\frac{\mu}{2}$$

$$= \frac{124°}{360°}(2,8\,\text{dm})^2\,\pi - (2,8\,\text{dm})^2 \cdot \sin\frac{124°}{2} \cdot \cos\frac{124°}{2}$$

$$= \frac{3\,038}{1\,125}\pi\,\text{dm}^2 - \frac{196}{25}\,\text{dm}^2 \cdot \sin 62° \cdot \cos 62°$$

Sinnvoller Taschenrechnerwert: $A' \approx \mathbf{5,2\,dm^2}$

d) Die gegebenen Größen dieses Kreissegments sind der Mittelpunktswinkel μ = 250° und die Länge der Sehne s = 500 mm = 50 cm.
Der noch fehlende Radius r wird im recht-
winkligen Dreieck wie folgt bestimmt:

$$\sin 55° = \frac{\text{Gegenkathete}}{\text{Hypotenuse}}$$

$$\sin 55° = \frac{25\,\text{cm}}{r}$$

$$\Rightarrow \quad r = \frac{25\,\text{cm}}{\sin 55°}$$

$$r \approx 30,52\,\text{cm}$$

Da μ = 250° > 180° ist, setzt man in die Formel $A' = A_S + A_D$ ein und erhält:

$$A' = A_S + A_D$$

$$= \frac{\mu}{360°}r^2\pi + r^2 \cdot \sin\frac{360° - \mu}{2} \cdot \cos\frac{360° - \mu}{2}$$

$$= \frac{250°}{360°}\left(\frac{25\,\text{cm}}{\sin 55°}\right)^2\pi + \left(\frac{25\,\text{cm}}{\sin 55°}\right)^2 \cdot \sin\frac{360° - 250°}{2} \cdot \cos\frac{360° - 250°}{2}$$

$$= \frac{15\,625\pi}{36 \cdot (\sin 55°)^2}\,\text{cm}^2 + \frac{625\,\text{cm}^2}{(\sin 55°)^2} \cdot \sin 55° \cdot \cos 55°$$

$$= \frac{15\,625\pi}{36 \cdot (\sin 55°)^2}\,\text{cm}^2 + \frac{625 \cdot \cos 55°}{\sin 55°}\,\text{cm}^2$$

Sinnvoller Taschenrechnerwert: $A' \approx 2\,470\,\text{cm}^2 = \mathbf{24,7\,dm^2}$

27 Zusammenfassendes Ergebnis:

	r	μ	b	s	A_S	A_D	A'
a)	3 cm	53,48°	2,8 cm	2,70 cm	4,2 cm²	3,62 cm²	0,58 cm²
b)	90,47 cm	140°	2,21 m	1,70 m	1 m²	26,31 dm²	73,69 dm²
c)	7 cm	310°	37,87 cm	5,92 cm	132,56 cm²	18,77 cm²	151,33 cm²
d)	16 m	180°	50,27 m	32 m	402,12 m²	16 mm²	402,12 m²

Hinweise und Tipps:
Wichtig ist ein schrittweises Vorgehen, bei dem die fehlenden Größen nach und nach erschlossen werden. Fertige am besten eine Skizze an und trage nacheinander die bestimmten Größen ein. Die Berechnungen erfolgen exakt, erst das Endergebnis wird gerundet.

Rechenwege:

a) Mittelpunktswinkel μ:

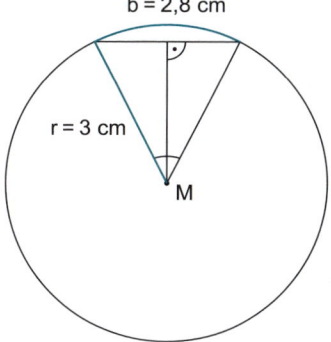

b = 2,8 cm

r = 3 cm

M

$$\frac{\mu}{360°} = \frac{b}{2r\pi}$$

$$\frac{\mu}{360°} = \frac{2,8\,\text{cm}}{2 \cdot 3\,\text{cm} \cdot \pi}$$

$$\frac{\mu}{360°} = \frac{7}{15\pi}$$

$$\Rightarrow \quad \mu = \frac{7}{15\pi} \cdot 360°$$

$$= \frac{168°}{\pi}$$

$$\approx \mathbf{53,48°}$$

Fläche des Kreissektors A_S:

$$A_S = \frac{1}{2}br$$

$$= \frac{1}{2} \cdot 2,8\,\text{cm} \cdot 3\,\text{cm}$$

$$= \frac{21}{5}\,\text{cm}^2$$

$$= \mathbf{4,2\,cm^2}$$

Sehne s:

$$\sin\frac{\mu}{2} = \frac{\frac{s}{2}}{r}$$

$$\frac{s}{2} = r \cdot \sin\frac{\mu}{2}$$

$$\Rightarrow \quad s = 2r \cdot \sin\frac{\mu}{2}$$

$$= 2 \cdot 3\,\text{cm} \cdot \sin\frac{\frac{168°}{\pi}}{2}$$

$$= 6\,\text{cm} \cdot \sin\frac{84°}{\pi}$$

$$\approx \mathbf{2,70\,cm}$$

Fläche des Dreiecks A_D:

$$A_D = r^2 \cdot \sin\frac{\mu}{2} \cdot \cos\frac{\mu}{2}$$

$$= (3\,\text{cm})^2 \cdot \sin\frac{84°}{\pi} \cdot \cos\frac{84°}{\pi}$$

$$= 9\,\text{cm}^2 \cdot \sin\frac{84°}{\pi} \cdot \cos\frac{84°}{\pi}$$

$$= \mathbf{3,62\,cm^2}$$

Fläche des Kreissegments A':

$A' = A_S - A_D$

$\approx 4{,}2 \text{ cm}^2 - 3{,}62 \text{ cm}^2$

$= \mathbf{0{,}58 \text{ cm}^2}$

b) Radius r:

$$A_S = \frac{\mu}{360°} r^2 \pi$$

$$\Rightarrow \quad r^2 = \frac{A_S}{\pi} \cdot \frac{360°}{\mu}$$

$$= \frac{1 \text{ m}^2}{\pi} \cdot \frac{360°}{140°}$$

$$= \frac{18}{7\pi} \text{ m}^2$$

$$\Rightarrow \quad r = \sqrt{\frac{18}{7\pi} \text{ m}^2}$$

$$= \frac{3}{7}\sqrt{\frac{14}{\pi}} \text{ m}$$

$$= \frac{3}{7\pi}\sqrt{14\pi} \text{ m}$$

$$\approx 0{,}9047 \text{ m}$$

$$= \mathbf{90{,}47 \text{ cm}}$$

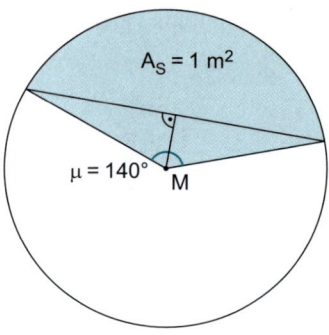

$A_S = 1 \text{ m}^2$

$\mu = 140°$ M

Bogenlänge b:

$$\frac{\mu}{360°} = \frac{b}{2r\pi}$$

$$\Rightarrow \quad b = \frac{\mu}{360°} \cdot 2r\pi$$

$$= \frac{140°}{360°} \cdot 2 \cdot \frac{3}{7\pi}\sqrt{14\pi} \text{ m} \cdot \pi$$

$$= \frac{1}{3}\sqrt{14\pi} \text{ m}$$

$$\approx \mathbf{2{,}21 \text{ m}}$$

Sehne s:

$$\sin\frac{\mu}{2} = \frac{\frac{s}{2}}{r}$$

$$\frac{s}{2} = r \cdot \sin\frac{\mu}{2}$$

$$\Rightarrow \quad s = 2r \cdot \sin\frac{\mu}{2}$$

$$= 2 \cdot \frac{3}{7\pi}\sqrt{14\pi} \text{ m} \cdot \sin\frac{140°}{2}$$

$$= \frac{6}{7\pi}\sqrt{14\pi} \text{ m} \cdot \sin 70°$$

$$\approx \mathbf{1{,}70 \text{ m}}$$

Fläche des Dreiecks A_D:

$$A_D = r^2 \cdot \sin \tfrac{\mu}{2} \cdot \cos \tfrac{\mu}{2}$$

$$= \left(\tfrac{3}{7\pi} \cdot \sqrt{14\pi} \; m \right)^2 \cdot \sin 70° \cdot \cos 70°$$

$$= \frac{9}{49\pi^2} \cdot 14\pi \; m^2 \cdot \sin 70° \cdot \cos 70°$$

$$= \frac{18}{7\pi} m^2 \cdot \sin 70° \cdot \cos 70°$$

$$\approx 0{,}2631 \; m^2$$

$$= \mathbf{26{,}31 \; dm^2}$$

Fläche des Kreissegments A':

$$A' = A_S - A_D$$

$$\approx 1 \; m^2 - 0{,}2631 \; m^2$$

$$\approx 0{,}7369 \; m^2$$

$$= \mathbf{73{,}69 \; dm^2}$$

c) Bogenlänge b:

$$\frac{\mu}{360°} = \frac{b}{2r\pi}$$

$$\Rightarrow \quad b = \frac{\mu}{360°} \cdot 2r\pi$$

$$= \frac{310°}{360°} \cdot 2 \cdot 7 \; cm \cdot \pi$$

$$= \frac{217}{18} \pi \; cm$$

$$\approx \mathbf{37{,}87 \; cm}$$

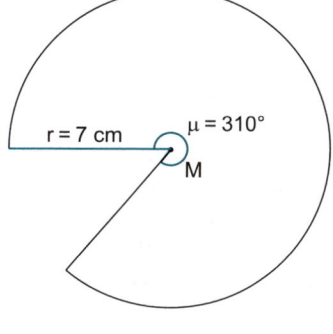

Sehne s:

$$\sin \frac{360° - \mu}{2} = \frac{\tfrac{s}{2}}{r}$$

$$\frac{s}{2} = r \cdot \sin \frac{360° - \mu}{2}$$

$$\Rightarrow \quad s = 2r \cdot \sin \frac{360° - \mu}{2}$$

$$= 2 \cdot 7 \; cm \cdot \sin \frac{50°}{2}$$

$$= 14 \; cm \cdot \sin 25°$$

$$\approx \mathbf{5{,}92 \; cm}$$

Fläche des Kreissektors A_S:

$$A_S = \frac{\mu}{360°} \cdot r^2 \pi$$

$$= \frac{310°}{360°} \cdot (7 \text{ cm})^2 \pi$$

$$= \frac{31}{36} \cdot 49 \text{ cm}^2 \pi$$

$$= \frac{1519}{36} \pi \text{ cm}^2$$

$$\approx \mathbf{132{,}56 \text{ cm}^2}$$

Fläche des Dreiecks A_D:

$$A_D = r^2 \cdot \sin\frac{360° - \mu}{2} \cdot \cos\frac{360° - \mu}{2}$$

$$= (7 \text{ cm})^2 \cdot \sin\frac{50°}{2} \cdot \cos\frac{50°}{2}$$

$$= 49 \text{ cm}^2 \cdot \sin 25° \cdot \cos 25°$$

$$\approx \mathbf{18{,}77 \text{ cm}^2}$$

Fläche des Kreissegments A' ($180° < \mu < 360°$):

$$A' = A_S + A_D$$

$$= 132{,}56 \text{ cm}^2 + 18{,}77 \text{ cm}^2$$

$$\approx \mathbf{151{,}33 \text{ cm}^2}$$

d) Diese Teilaufgabe erfordert etwas mathematisches Gespür: Im Vergleich zum sehr großen Radius $r = 16 \text{ m} = 16\,000 \text{ mm}$ ist die Fläche des gleichschenkligen Dreiecks $A_D = 16 \text{ mm}^2$ verschwindend gering. Näherungsweise liegt hier also der Sonderfall eines Halbkreises vor.
Dementsprechend schnell ergeben sich:
Mittelpunktswinkel μ:

$$\mu \approx \mathbf{180°}$$

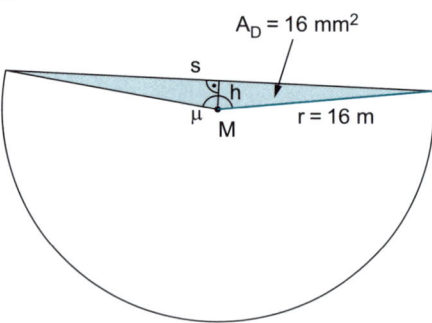

Sehne s, die in etwa dem Durchmesser entspricht:

$$s \approx 2r$$

$$= 2 \cdot 16 \text{ m}$$

$$= \mathbf{32 \text{ m}}$$

Bogenlänge b, die etwa dem halben Kreisumfang entspricht:

$$b \approx \frac{1}{2} U_K$$

$$= \frac{1}{2} \cdot 2r\pi$$

$$= r\pi$$

$$= 16 \text{ m} \cdot \pi$$

$$\approx \mathbf{50{,}27 \text{ m}}$$

Fläche des Kreissektors A_S, die näherungsweise der halben Kreisfläche entspricht:

$$A_S \approx \frac{1}{2}A_K$$
$$= \frac{1}{2}r^2\pi$$
$$= \frac{1}{2}(16\text{ m})^2\pi$$
$$= 128\pi\text{ m}^2$$
$$\approx \mathbf{402{,}12\text{ m}^2}$$

Fläche des Kreissegments A':

$$A' = A_S - A_D$$
$$\approx 402{,}12\text{ m}^2 - 16\text{ mm}^2$$
$$= 402\,120\,000\text{ mm}^2 - 16\text{ mm}^2$$
$$\approx \mathbf{402{,}12\text{ m}^2}$$

Anmerkung:
Die exakten Berechnungen für die Teilaufgabe d erfordern ein Gleichungssystem mit zwei Gleichungen und zwei Unbekannten:

(I) $A_D = \frac{1}{2}sh \;\Rightarrow\; h = \frac{2A_D}{s}$ (Höhe der Dreiecksfläche)

(II) $r^2 = \left(\frac{s}{2}\right)^2 + h^2$ (Satz des Pythagoras)

In diesem Gleichungssystem muss die Unbekannte h eliminiert werden, z. B. mittels des Einsetzungsverfahrens:

(I) in (II): $r^2 = \left(\frac{s}{2}\right)^2 + \left(\frac{2A_D}{s}\right)^2$

Nach dem Einsetzen der bekannten Größen $r = 16$ m und $A_D = 16$ mm² entsteht eine biquadratische Gleichung:

$$(16\text{ m})^2 = \left(\frac{s}{2}\right)^2 + \left(\frac{2 \cdot 16\text{ mm}^2}{s}\right)^2,$$

die mithilfe der Substitution $x = s^2$ auf eine quadratische Gleichung zurückgeführt werden kann. Die Lösungsformel für quadratische Gleichungen liefert letztlich ein sinnvolles Ergebnis für x und nach der Resubstitution die Länge der Sehne s.

$$s = \sqrt{-5{,}12 \cdot 10^8 + \sqrt{6{,}5536 \cdot 10^{16} - 1\,024}}\text{ mm}$$

Damit kann dann weitergerechnet werden.

28 a) Hinweise und Tipps:
Eine Skizze ist bei der Lösung der Aufgabe sehr hilfreich.
Dort trägt man die gegebenen Größen ein und benennt Teil-
flächen, die für die spätere Argumentation nötig sind.

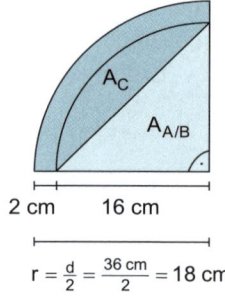

Anna und Benno essen jeweils zwei dreieckige
Stückchen:

$$2 \cdot A_{A/B} = 2 \cdot \underbrace{\frac{1}{2} \cdot 16 \, \text{cm} \cdot 16 \, \text{cm}}_{\substack{\text{rechtwinkliges} \\ \text{Dreieck}}}$$

$$= 2 \cdot 128 \ \text{cm}^2$$

$$= 256 \, \text{cm}^2$$

$$r = \frac{d}{2} = \frac{36 \, \text{cm}}{2} = 18 \, \text{cm}$$

Clara isst das, was abgeschnitten wird, also die vier Randstücke. Diese ergeben sich als Rest, der nach Annas und Bennos Portion von der Pizza (Kreis)
übrig bleibt:

$$4 \cdot A_C = \underbrace{A_K}_{\substack{\text{ganze} \\ \text{Pizza}}} - \underbrace{4 \cdot A_{A/B}}_{\substack{\text{Anna und} \\ \text{Benno}}}$$

$$= (18 \, \text{cm})^2 \cdot \pi - 4 \cdot 128 \, \text{cm}^2$$

$$= 324\pi \, \text{cm}^2 - 512 \, \text{cm}^2$$

$$\approx 506 \, \text{cm}^2$$

Clara isst (506 cm²) **fast doppelt so viel** Pizza wie Benno oder Anna
(256 cm²).

b) Beim Sechsteln der Pizza entstehen für Anna und Benno gleichseitige Drei-
ecksstücke zum Verzehr:
Die Höhe des gleichseitigen Dreiecks berechnet
sich zu

$$h = \frac{16 \, \text{cm}}{2} \sqrt{3}$$

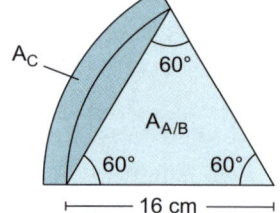

und die Fläche lautet folglich:

$$A_{A/B} = \frac{1}{2} \cdot 16 \, \text{cm} \cdot \frac{16 \, \text{cm}}{2} \sqrt{3}$$

$$= 64\sqrt{3} \ \text{cm}^2$$

Anna und Benno essen jeweils drei Pizzastücke:

$$3 \cdot A_{A/B} = 3 \cdot 64\sqrt{3} \ \text{cm}^2$$

$$= 192\sqrt{3} \ \text{cm}^2$$

$$\approx 333 \, \text{cm}^2$$

Clara hingegen nimmt wiederum den anfallenden Rand, also

$$6 \cdot A_C = \underbrace{A_K}_{\substack{\text{ganze} \\ \text{Pizza}}} - \underbrace{6 \cdot A_{A/B}}_{\substack{\text{Anna und} \\ \text{Benno}}}$$

$$= 324\pi \text{ cm}^2 - 6 \cdot 64\sqrt{3} \text{ cm}^2$$

$$\approx 353 \text{ cm}^2$$

Clara isst auch beim Sechsteln **mehr Pizza** (352 cm²) als ihre beiden Freunde Anna oder Benno (333 cm²).

29 a) Der Anteil ist definiert als der Quotient $\frac{A'}{A_S}$. Dieser wird erst einmal allgemein als Term behandelt, dann werden die gegebenen Größen eingesetzt.

Für $0° < \mu < 180°$ gilt:

$$\frac{A'}{A_S} = \frac{A_S - A_D}{A_S}$$

$$= \frac{A_S}{A_S} - \frac{A_D}{A_S}$$

$$= 1 - \frac{r^2 \sin\frac{\mu}{2} \cos\frac{\mu}{2}}{\frac{\mu}{360°} r^2 \pi}$$

$$= 1 - \frac{\sin\frac{\mu}{2} \cos\frac{\mu}{2}}{\frac{\mu}{360°} \cdot \pi}$$

$$= 1 - \frac{360° \cdot \sin\frac{\mu}{2} \cdot \cos\frac{\mu}{2}}{\mu \cdot \pi}$$

Für $\mu = 60°$ gilt:

$$\frac{A'}{A_S} = 1 - \frac{360° \cdot \sin\frac{60°}{2} \cdot \cos\frac{60°}{2}}{60° \cdot \pi}$$

$$= 1 - \frac{360° \cdot \sin 30° \cdot \cos 30°}{60° \cdot \pi}$$

$$= 1 - \frac{6 \cdot \frac{1}{2} \cdot \frac{1}{2}\sqrt{3}}{\pi}$$

$$= 1 - \frac{3\sqrt{3}}{2\pi}$$

$$\approx 0{,}173$$

Der Anteil des Kreissegments am Kreissektor beträgt rund **17,3 %**.

b) Analog zu Teilaufgabe a gilt für $\mu = 90°$:

$$\frac{A'}{A_S} = 1 - \frac{360° \cdot \sin\frac{90°}{2} \cdot \cos\frac{90°}{2}}{90° \cdot \pi}$$

$$= 1 - \frac{4 \cdot \sin 45° \cdot \cos 45°}{\pi}$$

$$= 1 - \frac{4 \cdot \frac{1}{2}\sqrt{2} \cdot \frac{1}{2}\sqrt{2}}{\pi}$$

$$= 1 - \frac{2}{\pi}$$

$$\approx 0,363$$

Der Anteil des Kreissegments am Kreissektor beträgt etwa **36,3 %**.

c) In Teilaufgabe c ist ein Grenzfall beschrieben, denn für $\mu = 180°$ sind Kreissegment und Kreissektor identisch $A' = A_S$ und somit ergibt sich:

$$\frac{A'}{A_S} = 1$$

Der Anteil des Kreissegments am Kreissektor beträgt rund **100 %**.

d) Da der Mittelpunktswinkel $\mu = 200°$ größer als 180° ist, nimmt der Kreissektor im Vergleich zum Kreissegment die kleinere Fläche ein. Somit beträgt der gesuchte Anteil mehr als 100 %.

Für $180° < \mu < 360°$ gilt:

$$\frac{A'}{A_S} = \frac{A_S + A_D}{A_S}$$

$$= 1 + \frac{A_D}{A_S}$$

$$= 1 + \frac{r^2 \sin\frac{360° - \mu}{2} \cdot \cos\frac{360° - \mu}{2}}{\frac{\mu}{360°} r^2 \pi}$$

$$= 1 + \frac{\sin\frac{360° - \mu}{2} \cdot \cos\frac{360° - \mu}{2}}{\frac{\mu}{360°} \pi}$$

$$= 1 + \frac{360° \cdot \sin\frac{360° - \mu}{2} \cdot \cos\frac{360° - \mu}{2}}{\mu \cdot \pi}$$

Mit $\mu = 200°$ ergibt sich nun:

$$\frac{A'}{A_S} = 1 + \frac{360° \cdot \sin\frac{360° - 200°}{2} \cdot \cos\frac{360° - 200°}{2}}{200° \cdot \pi}$$

$$= 1 + \frac{9 \cdot \sin 80° \cdot \cos 80°}{5 \cdot \pi}$$

$$\approx 1,098$$

Der Anteil des Kreissegments am Kreissektor beträgt rund **109,8 %**.

30 In der nebenstehenden Skizze wurden die gegebenen Werte eingetragen.
Die Angabe d' = 21 mm ist überflüssig.

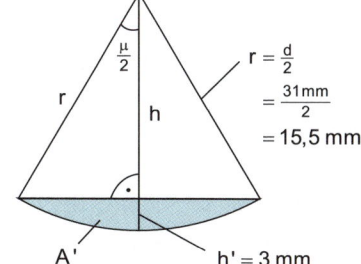

Da h + h' = r ist, folgt:

$h = r - h'$

$\quad = 15,5\ \text{mm} - 3\ \text{mm}$

$\quad = 12,5\ \text{mm}$

Zunächst bestimmt man die Größe der Segmentfläche A', dann das Volumen V des abgefrästen Aluminiums und somit letztlich die gesuchte Masse.

Für die Gesamtfläche benötigt man noch den Mittelpunktswinkel µ, der sich trigonometrisch aus dem rechtwinkligen Dreieck ergibt:

$$\cos\frac{\mu}{2} = \frac{h}{r}$$

$$\cos\frac{\mu}{2} = \frac{12,5\ \text{mm}}{15,5\ \text{mm}}$$

$$\cos\frac{\mu}{2} = \frac{25}{31}$$

$$\Rightarrow \quad \frac{\mu}{2} \approx 36,25°$$

$$\mu \approx 72,50°$$

Nun lässt sich die Segmentfläche A' berechnen:

$A' = A_S - A_D$

$$= \frac{\mu}{360°} r^2 \pi - r^2 \sin\frac{\mu}{2} \cdot \cos\frac{\mu}{2}$$

$$\approx \frac{72,50°}{360°}(15,5\ \text{mm})^2 \pi - (15,5\ \text{mm})^2 \sin 36,25° \cdot \cos 36,25°$$

$$\approx 37,44\ \text{mm}^2$$

$$= 0,3744\ \text{cm}^2$$

Das abgefräste Volumen V beträgt nun:

$V = A' \cdot \ell$

$$\approx 0,3744\ \text{cm}^2 \cdot 3,80\ \text{m}$$

$$= 0,3744\ \text{cm}^2 \cdot 380\ \text{cm}$$

$$\approx 142,3\ \text{cm}^3$$

Hiermit lässt sich nun die Masse des Aluminiums berechnen:

$m = \rho \cdot V$

$$\approx 2,7\frac{\text{g}}{\text{cm}^3} \cdot 142,3\ \text{cm}^3$$

$$\approx 384\ \text{g}$$

Etwa **384 g** Aluminium gehen bei den Arbeiten verloren.

31 Die Torte wird in die drei Teile

A' = A''' (Kreissegmente) und

A'' (kein Kreissektor!) zerlegt.

Die Bogenlänge b berechnet sich

aus dem Umkreis U wie folgt:

Maßstab 1 : 4

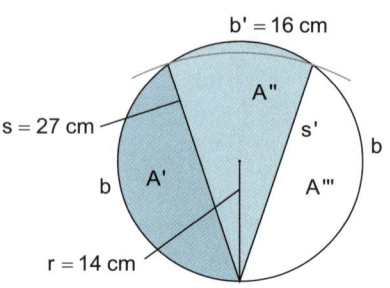

$$2b + b' = U$$

$$2b + 16\,\text{cm} = 2 \cdot r \cdot \pi$$

$$2b + 16\,\text{cm} = 2 \cdot 14\,\text{cm} \cdot \pi \qquad |-16\,\text{cm}$$

$$2b = 28\pi\,\text{cm} - 16\,\text{cm} \qquad |:2$$

$$b = \frac{28\pi\,\text{cm} - 16\,\text{cm}}{2}$$

$$b \approx 36\,\text{cm}$$

Die gesamte Kreisfläche beträgt:

$$\begin{aligned} A_K &= r^2\pi \\ &= (14\,\text{cm})^2\,\pi \\ &= 196\pi\,\text{cm}^2 \\ &\approx 620\,\text{cm}^2 \end{aligned}$$

Die Größe des Kreissegments beträgt:

$$\begin{aligned} A' &= A_S - A_D \\ &= \tfrac{1}{2}\,br - \tfrac{1}{2}\,s\sqrt{r^2 - \left(\tfrac{s}{2}\right)^2} \\ &\approx \tfrac{1}{2} \cdot 36\,\text{cm} \cdot 14\,\text{cm} - \tfrac{1}{2} \cdot 27\,\text{cm}\sqrt{(14\,\text{cm})^2 - \left(\tfrac{27\,\text{cm}}{2}\right)^2} \\ &\approx 200\,\text{cm}^2 \end{aligned}$$

Folglich sieht die „Tortenverteilung" wie folgt aus:

$$A' : 200\,\text{cm}^2$$

$$A'' : 620\,\text{cm}^2 - 2 \cdot 200\,\text{cm}^2 = 220\,\text{cm}^2$$

$$A''' : 200\,\text{cm}^2$$

Anton teilt die Torte näherungsweise **gerecht**, denn die drei Flächenstücke sind in etwa gleich groß.

Diese Antwort ist legitim, denn die gegebenen Größen sind gemessene Größen, die leicht um einen Millimeter oder mehr abweichen können.

Hinweise und Tipps:

Bereits für einen Tortenradius von 13,9 cm statt 14 cm ergibt sich für die Kreisfläche A_K:

$$A_K = r^2\pi = (13{,}9\,\text{cm})^2\,\pi \approx 607\,\text{cm}^2$$

Damit gleichen sich die Flächeninhalte A', A'' und A''' weiter an.

32 Berechnung der Fläche A:
Bildet man die Differenz der beiden Kreisflächen, dann erhält man die gesuchte Fläche:

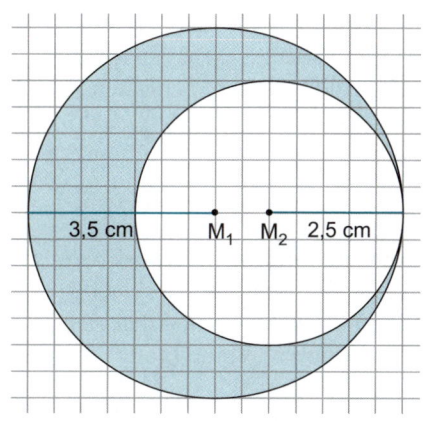

$$A = A_{K_1} - A_{K_2}$$
$$= (3,5\,\text{cm})^2\,\pi - (2,5\,\text{cm})^2\,\pi$$
$$= 12,25\pi\,\text{cm}^2 - 6,25\pi\,\text{cm}^2$$
$$= 6\pi\,\text{cm}^2$$
$$\approx \mathbf{18,85\,cm^2}$$

Berechnung des Umfangs U:
Der Umfang setzt sich aus der äußeren und der inneren Begrenzungslinie zusammen:

$$U = U_{K_1} + U_{K_2}$$
$$= 2\cdot 3,5\,\text{cm}\cdot\pi + 2\cdot 2,5\,\text{cm}\cdot\pi$$
$$= 7\,\text{cm}\cdot\pi + 5\,\text{cm}\cdot\pi$$
$$= 12\pi\,\text{cm}$$
$$\approx \mathbf{37,70\,cm}$$

33 Berechnung der Fläche A:
Die Fläche A setzt sich aus vier äußeren Halbbögen und einem von einem Kreis ausgestanzten Quadrat in der Mitte zusammen:

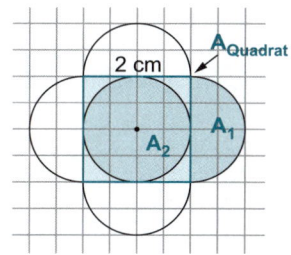

$$A = 4\cdot A_1 + A_{\text{Quadrat}} - A_2$$
$$= 4\cdot\left(\tfrac{1}{2}\cdot(1\,\text{cm})^2\,\pi\right) + (2\,\text{cm})^2 - (1\,\text{cm})^2\,\pi$$
$$= 2\pi\,\text{cm}^2 + 4\,\text{cm}^2 - \pi\,\text{cm}^2$$
$$= \pi\,\text{cm}^2 + 4\,\text{cm}^2$$
$$\approx \mathbf{7,14\,cm^2}$$

Berechnung des Umfangs U:
Die Figur wird von außen durch die vier Halbbögen und von innen durch den Kreis begrenzt:

$$U = 4\cdot\left(\tfrac{1}{2}\cdot 2\cdot 1\,\text{cm}\cdot\pi\right) + 2\cdot 1\,\text{cm}\cdot\pi$$
$$= 4\,\text{cm}\,\pi + 2\,\text{cm}\cdot\pi$$
$$= 6\pi\,\text{cm}$$
$$\approx \mathbf{18,85\,cm}$$

34 Berechnung der Fläche A:
Aufgrund der Achsensymmetrie
gelten die Flächengleichheiten:
$A_1 = A_2$
$A_3 = A_4$

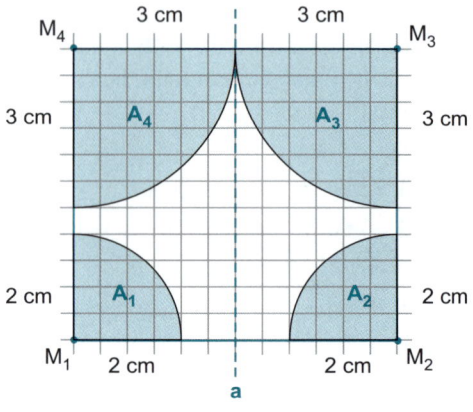

Die Gesamtfläche berechnet sich
aus der Differenz der Rechtecks-
fläche $M_1M_2M_3M_4$ und den vier
Kreissektoren (Viertelkreise) A_1
bis A_4:

$A = 6\,\text{cm} \cdot 5{,}5\,\text{cm} - 2A_1 - 2A_3$

$\quad = 33\,\text{cm}^2 - 2 \cdot \frac{1}{4} \cdot (2\,\text{cm})^2\pi - 2 \cdot \frac{1}{4} \cdot (3\,\text{cm})^2\pi$

$\quad = 33\,\text{cm}^2 - 2\,\text{cm}^2 \cdot \pi - \frac{9}{2}\,\text{cm}^2 \cdot \pi$

$\quad = 33\,\text{cm}^2 - 6{,}5\pi\,\text{cm}^2$

$\quad \approx \mathbf{12{,}58\,cm^2}$

Berechnung des Umfangs U:
Der Umfang der Figur setzt sich aus
vier Viertelbögen und drei Strecken
zusammen, wobei wiederum die
Achsensymmetrie ausgenutzt werden kann:

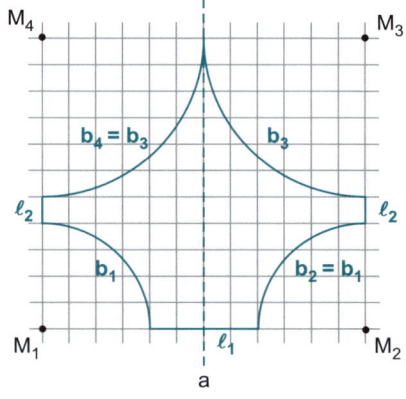

$U = 2 \cdot b_1 + 2 \cdot b_3 + \ell_1 + 2 \cdot \ell_2$

$\quad = 2 \cdot \frac{1}{4} \cdot 2 \cdot (2\,\text{cm})\pi$

$\quad\quad + 2 \cdot \frac{1}{4} \cdot 2 \cdot (3\,\text{cm})\pi$

$\quad\quad + 2\,\text{cm} + 2 \cdot 0{,}5\,\text{cm}$

$\quad = 2\pi\,\text{cm} + 3\pi\,\text{cm} + 2\,\text{cm} + 1\,\text{cm}$

$\quad = 5\pi\,\text{cm} + 3\,\text{cm}$

$\quad \approx \mathbf{18{,}71\,cm}$

35 Berechnung der Fläche A:

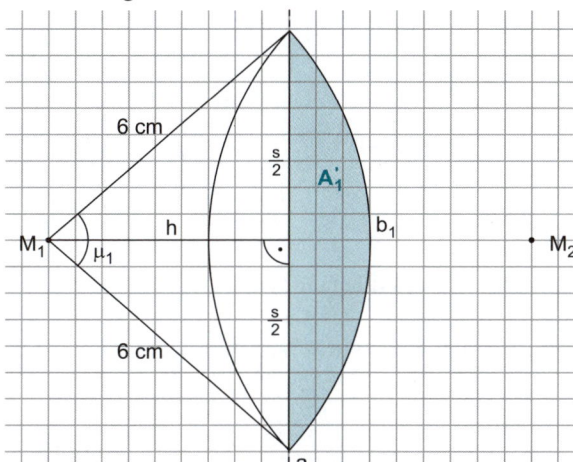

Die Fläche der achsensymmetrischen Figur setzt sich aus der zweifachen Kreissegmentfläche A_1' zusammen. Die beiden Radien betragen 6 cm und die Mittelpunkte besitzen von der Achse a den gleichen Abstand $h = 4,5$ cm (da $\overline{M_1M_2} = 9$ cm).

Ansatz für die Flächenberechnung:

$$A = 2 \cdot A_1'$$
$$= 2 \cdot (A_S - A_D)$$
$$= 2 \cdot \left(\frac{\mu_1}{360°} r^2 \pi - r^2 \sin \frac{\mu_1}{2} \cdot \cos \frac{\mu_1}{2} \right)$$

Der noch unbekannte Winkel μ_1 kann trigonometrisch im rechtwinkligen Dreieck bestimmt werden:

$$\cos \frac{\mu_1}{2} = \frac{h}{r}$$
$$\cos \frac{\mu_1}{2} = \frac{4,5 \,\text{cm}}{6 \,\text{cm}}$$
$$\cos \frac{\mu_1}{2} = \frac{3}{4}$$
$$\mu_1 = 2 \cdot \arccos \frac{3}{4}$$
$$\mu_1 \approx 82,82°$$

Damit ergibt sich nun:

$$A \approx 2 \cdot \left(\frac{82{,}82°}{360°} (6 \, \text{cm})^2 \pi - (6 \, \text{cm})^2 \sin \frac{82{,}82°}{2} \cdot \cos \frac{82{,}82°}{2} \right)$$

$$= 2 \cdot \left(\frac{82{,}82}{360} \cdot 36 \, \text{cm}^2 \pi - 36 \, \text{cm}^2 \cdot \sin 41{,}41° \cdot \cos 41{,}41° \right)$$

$$= 2 \cdot \left(\frac{4141}{500} \pi \, \text{cm}^2 - 36 \, \text{cm}^2 \sin 41{,}41° \cdot \cos 41{,}41° \right)$$

$$\approx \mathbf{16{,}32 \, cm^2}$$

Alternativ:

Alternativ ließe sich A_D auch über die Dreiecksflächenformel $A_D = \frac{1}{2} \cdot s \cdot h$ berechnen.

Die Länge $\frac{s}{2}$ bzw. s kann mit dem Satz des Pythagoras bestimmt werden:

$$r^2 = h^2 + \left(\frac{s}{2} \right)^2$$

$$\frac{s^2}{4} = r^2 - h^2$$

$$s^2 = 4(r^2 - h^2)$$

$$s = 2\sqrt{r^2 - h^2}$$

$$\Rightarrow \quad s = 2 \cdot \sqrt{36 \, \text{cm}^2 - 20{,}25 \, \text{cm}^2}$$

$$= 2 \cdot \sqrt{15{,}75} \, \text{cm}$$

$$= \sqrt{63} \, \text{cm}$$

$$= 3\sqrt{7} \, \text{cm}$$

Damit gilt nun:

$$A = 2 \cdot (A_S - A_D)$$

$$= 2 \cdot \left(\frac{\mu_1}{360°} r^2 \pi - \frac{1}{2} \cdot s \cdot h \right)$$

$$= 2 \cdot \left(\frac{\mu_1}{360°} (6 \, \text{cm})^2 \pi - \frac{3\sqrt{7} \, \text{cm}}{2} \cdot 4{,}5 \, \text{cm} \right)$$

$$= 2 \cdot \left(\frac{\mu_1}{10°} \pi \, \text{cm}^2 - \frac{27\sqrt{7}}{4} \, \text{cm}^2 \right)$$

$$= \frac{\mu_1}{5°} \pi \, \text{cm}^2 - \frac{27\sqrt{7}}{2} \, \text{cm}^2$$

Mit $\mu_1 = 2 \cdot \arccos \frac{3}{4}$ gilt:

$$A = \frac{2 \cdot \arccos \frac{3}{4}}{5°} \pi \, \text{cm}^2 - \frac{27\sqrt{7}}{2} \, \text{cm}^2$$

Mit der Näherung $\mu_1 \approx 82{,}82°$ erreicht man ein angemessenes gleichwertiges Ergebnis:

$$A \approx \frac{82{,}82°}{5°} \pi \, \text{cm}^2 - \frac{27\sqrt{7}}{2} \, \text{cm}^2$$

$$\approx \mathbf{16{,}32 \, cm^2}$$

Berechnung des Umfangs U:

Der Umfang errechnet sich basierend auf der Achsensymmetrie aus der doppelten Kreisbogenlänge b_1:

$U = 2 \cdot b_1$

$\quad = 2 \cdot \dfrac{\mu_1}{360°} \cdot U_K$

$\quad = 2 \cdot \dfrac{\mu_1}{360°} \cdot 2 \cdot (6\ \text{cm})\pi$

$\quad \approx \dfrac{82{,}82°}{15°}\,\pi\ \text{cm}$

$\quad \approx \mathbf{17{,}35\ cm}$

36   Berechnung der Fläche A:

Die gesamte Fläche setzt sich aus vier Teil-flächen zusammen, wobei aufgrund der Achsensymmetrie nur zwei verschiedene Flächen A_1 und A_2 zu bestimmen sind.

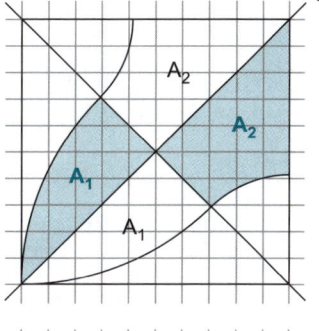

Berechnung der Fläche A_1:

Die doppelte Fläche A_1 ist ein Kreisseg-ment A' des Kreises k(M; 5 cm), wobei der Mittelpunktswinkel $\mu = 90°$ beträgt und die Sehne s die Diagonale des Quadrates dar-stellt, also die Länge $s = 5\sqrt{2}$ cm besitzt. Bei A_D handelt es sich also um ein recht-winkliges Dreieck mit den beiden Katheten-längen 5 cm.

$A_1 = \dfrac{1}{2}A'$

$\quad = \dfrac{1}{2}(A_S - A_D)$

$\quad = \dfrac{1}{2}\left(\dfrac{90°}{360°} \cdot (5\ \text{cm})^2\,\pi - \dfrac{1}{2}(5\ \text{cm})^2\right)$

$\quad = \dfrac{1}{2}\left(\dfrac{25}{4}\,\pi\ \text{cm}^2 - \dfrac{25}{2}\ \text{cm}^2\right)$

$\quad = \dfrac{25}{8}\,\pi\ \text{cm}^2 - \dfrac{25}{4}\ \text{cm}^2$

Zwischenergebnis:

$A_1 = \dfrac{25}{8}\,\pi\ \text{cm}^2 - \dfrac{25}{4}\ \text{cm}^2$ (gerundet: $A_1 \approx 3{,}57\ \text{cm}^2$)

Berechnung der Fläche A_2:
Die Fläche A_2 ergibt sich als Differenz aus
der Fläche des Dreiecks $\triangle MPQ$, die ein
Viertel der Quadratfläche ist, und der
Sektorfläche A_{S_2}:

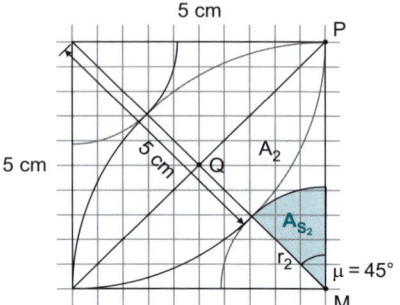

5 cm

5 cm

$A_2 = A_{\triangle MPQ} - A_{S_2}$

$\quad = \frac{1}{4}(5\,\text{cm})^2 - A_{S_2}$

Die Sektorfläche A_{S_2} ist ein Achtelkreis mit
dem Radius r_2. Die Summe aus dem Radius
r_2 der Sektorfläche und 5 cm ergibt die Diagonale des Quadrates $5\sqrt{2}$ cm.

$r_2 + 5\,\text{cm} = 5\sqrt{2}\,\text{cm} \quad \Rightarrow \quad r_2 = 5\sqrt{2}\,\text{cm} - 5\,\text{cm}$

Damit kann nun weitergerechnet werden:

$A_2 = \frac{1}{4}(5\,\text{cm})^2 - A_{S_2}$

$\quad = \frac{1}{4}(5\,\text{cm})^2 - \frac{45°}{360°}r_2^2\pi$

$\quad = \frac{1}{4}\cdot 25\,\text{cm}^2 - \frac{45°}{360°}(5\sqrt{2}\,\text{cm} - 5\,\text{cm})^2\pi$

$\quad = \frac{25}{4}\,\text{cm}^2 - \frac{1}{8}\left(\left(5\sqrt{2}\,\text{cm}\right)^2 - 2\cdot(5\sqrt{2}\,\text{cm})\cdot 5\,\text{cm} + (5\,\text{cm})^2\right)\pi$

$\quad = \frac{25}{4}\,\text{cm}^2 - \frac{1}{8}\left(50\,\text{cm}^2 - 50\sqrt{2}\,\text{cm}^2 + 25\,\text{cm}^2\right)\pi$

$\quad = \frac{25}{4}\,\text{cm}^2 - \frac{1}{8}\left(75\,\text{cm}^2 - 50\sqrt{2}\,\text{cm}^2\right)\pi$

$\quad = \frac{25}{4}\,\text{cm}^2 - \frac{75}{8}\pi\,\text{cm}^2 + \frac{25\sqrt{2}}{4}\pi\,\text{cm}^2$

Zwischenergebnis:

$A_2 = \frac{25}{4}\,\text{cm}^2 - \frac{75}{8}\pi\,\text{cm}^2 + \frac{25\sqrt{2}}{4}\pi\,\text{cm}^2$ (gerundet: $A_2 \approx 4{,}57\,\text{cm}^2$)

Somit kann nun die gesamte Fläche der Kreisbogenfigur bestimmt werden:

$A = 2\cdot A_1 + 2\cdot A_2$

$\quad = 2\cdot\left(\frac{25}{8}\pi\,\text{cm}^2 - \frac{25}{4}\,\text{cm}^2\right) + 2\cdot\left(\frac{25}{4}\,\text{cm}^2 - \frac{75}{8}\pi\,\text{cm}^2 + \frac{25\sqrt{2}}{4}\pi\,\text{cm}^2\right)$

$\quad = \frac{25}{4}\pi\,\text{cm}^2 - \frac{25}{2}\,\text{cm}^2 + \frac{25}{2}\,\text{cm}^2 - \frac{75}{4}\pi\,\text{cm}^2 + \frac{25\sqrt{2}}{2}\pi\,\text{cm}^2$

$\quad = \frac{25\sqrt{2}}{2}\pi\,\text{cm}^2 - \frac{50}{4}\pi\,\text{cm}^2$

$\quad = \frac{25\sqrt{2}}{2}\pi\,\text{cm}^2 - \frac{25}{2}\pi\,\text{cm}^2$

$\approx \mathbf{16{,}27\ cm^2}$

Berechnung des Umfangs U:

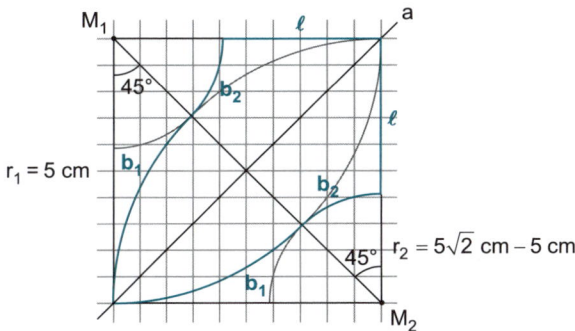

Für die Berechnung des Umfangs wird wiederum die Symmetrieeigenschaft ausgenutzt, sodass sich dessen Länge wie folgt zusammensetzt:
$U = 2 \cdot b_1 + 2 \cdot b_2 + 2 \cdot \ell$

Die Bogenlänge b_1 gehört zu dem Kreis $k(M_1; 5 \text{ cm})$, b_2 ist Teil der Kreislinie $k(M_2; 5\sqrt{2} \text{ cm} - 5 \text{ cm})$. Damit ergibt sich für den Umfang:

$U = 2 \cdot b_1 + 2 \cdot b_2 + 2 \cdot \ell$

$\quad = 2 \cdot \left(\frac{45°}{360°} \cdot 2 \cdot 5 \text{ cm} \cdot \pi \right) + 2 \cdot \left(\frac{45°}{360°} \cdot 2 \cdot (5\sqrt{2} \text{ cm} - 5 \text{ cm}) \cdot \pi \right) + 2 \cdot (5 \text{ cm} - r_2)$

$\quad = \frac{5}{2}\pi \text{ cm} + \frac{1}{2}\pi \cdot (5\sqrt{2} \text{ cm} - 5 \text{ cm}) + 2 \cdot (5 \text{ cm} - 5\sqrt{2} \text{ cm} + 5 \text{ cm})$

$\quad = \frac{5}{2}\pi \text{ cm} + \frac{5\sqrt{2}}{2}\pi \text{ cm} - \frac{5}{2}\pi \text{ cm} + 2 \cdot (10 \text{ cm} - 5\sqrt{2} \text{ cm})$

$\quad = \frac{5\sqrt{2}}{2}\pi \text{ cm} + 20 \text{ cm} - 10\sqrt{2} \text{ cm}$

$\quad \approx \mathbf{16{,}97 \text{ cm}}$

37 a) Setze den Radius r in die Formel $V = \frac{4}{3} r^3 \pi$ ein:

$V = \frac{4}{3} (8 \text{ cm})^3 \pi$

$\quad = \frac{2\,048}{3} \pi \text{ cm}^3$

$\quad \approx \mathbf{2\,145 \text{ cm}^3}$

b) Setze den Radius r in die Formel $V = \frac{4}{3} r^3 \pi$ ein:

$V = \frac{4}{3} (90 \text{ m})^3 \pi$

$\quad = 972\,000\pi \text{ m}^3$

$\quad \approx \mathbf{3\,054\,000 \text{ m}^3}$

c) Aus dem Durchmesser bestimmt man zuerst den Radius $r = \frac{1}{2}d = 50\,dm$ und
setzt dann in die Formel $V = \frac{4}{3}r^3\pi$ ein:

$$V = \frac{4}{3}(50\,dm)^3\pi$$

$$= \frac{500\,000}{3}\pi\,dm^3$$

$$\approx 523\,600\,dm^3$$

$$= \mathbf{523,6\,m^3}$$

d) Aus dem Durchmesser bestimmt man zuerst den Radius $r = \frac{1}{2}d = 42\,mm$ und
setzt dann in die Formel $V = \frac{4}{3}r^3\pi$ ein:

$$V = \frac{4}{3}(42\,mm)^3\pi$$

$$= 98\,784\pi\,dm^3$$

$$\approx 310\,300\,mm^3$$

$$= \mathbf{310,3\,cm^3}$$

e) Aus dem Zusammenhang $U = 2r\pi \;\Rightarrow\; r = \frac{U}{2\pi}$ bestimmt man den Kugelradius und setzt dann in die Formel $V = \frac{4}{3}r^3\pi$ ein:

$$r = \frac{94\,m}{2\pi}$$

$$= \frac{47\,m}{\pi}$$

$$V = \frac{4}{3}\left(\frac{47\,m}{\pi}\right)^3\pi$$

$$= \frac{4}{3}\cdot\frac{103\,823\,m^3}{\pi^3}\pi$$

$$= \frac{415\,292}{3\pi^2}\,m^3$$

$$\approx \mathbf{14\,030\,m^3}$$

f) Aus dem Zusammenhang $U = 2r\pi \;\Rightarrow\; r = \frac{U}{2\pi}$ bestimmt man zunächst den
Kugelradius und setzt dann in die Formel $V = \frac{4}{3}r^3\pi$ ein:

$$r = \frac{16\pi\,cm}{2\pi}$$

$$= 8\,cm$$

$$V = \frac{4}{3}(8\,cm)^3\pi$$

$$= \frac{4}{3}\cdot512\,cm^3\pi$$

$$= \frac{2\,048\pi}{3}\,cm^3$$

$$\approx \mathbf{2\,145\,cm^3}$$

38 Zusammenfassendes Ergebnis:

	V	r
a)	**4,19 mm³**	1 mm
b)	2 cm³	**0,78 cm**
c)	**113,10 dm³**	3 dm
d)	4 m³	**0,98 m**
e)	**523 598,78 m³**	50 m
f)	600 m³	**5,23 m**
g)	**1 436,76 km³**	7 km

Rechenwege:

Für die Lösung dieser Aufgabe muss in die Volumenformel $V = \frac{4}{3}r^3\pi$ eingesetzt oder nach dem Radius aufgelöst und dann eingesetzt werden:

$$V = \frac{4}{3}r^3\pi \qquad | \cdot \frac{3}{4\pi}$$

$$\frac{3 \cdot V}{4\pi} = r^3 \qquad | \sqrt[3]{}$$

$$\Rightarrow \quad r = \sqrt[3]{\frac{3 \cdot V}{4\pi}}$$

Hinweise und Tipps:
Für das exakte Ergebnis muss der Nenner rational gemacht werden!

$$= \sqrt[3]{\frac{3V \cdot 4 \cdot 4 \cdot \pi \cdot \pi}{4 \cdot \pi \cdot 4 \cdot 4 \cdot \pi \cdot \pi}}$$

$$= \frac{1}{4\pi}\sqrt[3]{48 \cdot V \cdot \pi^2}$$

$$= \frac{2}{4\pi}\sqrt[3]{6 \cdot V \cdot \pi^2}$$

$$= \frac{1}{2\pi}\sqrt[3]{6 \cdot V \cdot \pi^2}$$

a) $r = 1$ mm

$$V = \frac{4}{3}r^3\pi$$

$$= \frac{4}{3}(1\text{ mm})^3\pi$$

$$= \frac{4}{3}\pi\text{ mm}^3$$

$$\approx \mathbf{4,19\text{ mm}^3}$$

b) $V = 2\ \text{cm}^3$

$r = \frac{1}{2\pi} \sqrt[3]{6 \cdot V \cdot \pi^2}$

$\quad = \frac{1}{2\pi} \cdot \sqrt[3]{6 \cdot 2\ \text{cm}^3 \pi^2}$

$\quad = \frac{1}{2\pi} \cdot \sqrt[3]{12\pi^2}\ \text{cm}$

$\quad \approx \mathbf{0{,}78\ cm}$

c) $r = 3\ \text{dm}$

$V = \frac{4}{3} r^3 \pi$

$\quad = \frac{4}{3} (3\ \text{dm})^3\, \pi$

$\quad = 36\pi\ \text{dm}^3$

$\quad \approx \mathbf{113{,}10\ dm^3}$

d) $V = 4\ \text{m}^3$

$r = \frac{1}{2\pi} \sqrt[3]{6 \cdot V \cdot \pi^2}$

$\quad = \frac{1}{2\pi} \cdot \sqrt[3]{6 \cdot 4\ \text{m}^3 \pi^2}$

$\quad = \frac{2}{2\pi} \cdot \sqrt[3]{3\pi^2}\ \text{m}$

$\quad = \frac{1}{\pi} \cdot \sqrt[3]{3\pi^2}\ \text{m}$

$\quad \approx \mathbf{0{,}98\ m}$

e) $r = 50\ \text{m}$

$V = \frac{4}{3} r^3 \pi$

$\quad = \frac{4}{3} (50\ \text{m})^3\, \pi$

$\quad = \frac{500\,000}{3} \pi\ \text{m}^3$

$\quad \approx \mathbf{523\,598{,}78\ m^3}$

f) $V = 600 \text{ m}^3$

$r = \frac{1}{2\pi} \sqrt[3]{6 \cdot V \cdot \pi^2}$

$\quad = \frac{1}{2\pi} \sqrt[3]{6 \cdot 600 \text{ m}^3 \pi^2}$

$\quad = \frac{2}{2\pi} \cdot \sqrt[3]{450 \text{ m}^3 \pi^2}$

$\quad = \frac{1}{\pi} \cdot \sqrt[3]{450\pi^2} \text{ m}$

$\quad \approx \mathbf{5,23\ m}$

g) $r = 7 \text{ km}$

$V = \frac{4}{3} r^3 \pi$

$\quad = \frac{4}{3} (7 \text{ km})^3 \pi$

$\quad = \frac{1372}{3} \pi \text{ km}^3$

$\quad \approx \mathbf{1\,436,76\ km^3}$

39 a) Der Körper setzt sich aus einem Kegel ($V_{\text{Kegel}} = \frac{1}{3} r^2 \pi \cdot h$)
und einer Halbkugel ($V_{\text{Halbkugel}} = \frac{1}{2} \cdot \frac{4}{3} r^3 \pi$) zusammen.
Demnach berechnet sich sein Volumen wie folgt:

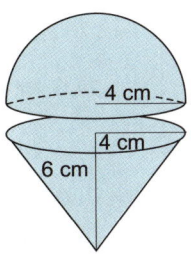

$V = V_{\text{Kegel}} + V_{\text{Halbkugel}}$

$\quad = \frac{1}{3} (4 \text{ cm})^2 \pi \cdot 6 \text{ cm} + \frac{1}{2} \cdot \frac{4}{3} (4 \text{ cm})^3 \pi$

$\quad = 32\pi \text{ cm}^3 + \frac{128}{3} \pi \text{ cm}^3$

$\quad = \frac{224}{3} \pi \text{ cm}^3$

$\quad \approx \mathbf{235\ cm^3}$

Die Massen berechnen sich mittels des vertrauten Zusammenhangs $\rho = \frac{m}{V}$
bzw. $m = \rho \cdot V$.

Eis: $m_{\text{Eis}} = 0{,}92 \frac{\text{g}}{\text{cm}^3} \cdot V$

$\quad\quad \approx 0{,}92 \frac{\text{g}}{\text{cm}^3} \cdot 235 \text{ cm}^3$

$\quad\quad \approx \mathbf{216\ g}$

Eisen: $m_{\text{Eisen}} = 7{,}9 \frac{\text{g}}{\text{cm}^3} \cdot V$

$\quad\quad\quad \approx 7{,}9 \frac{\text{g}}{\text{cm}^3} \cdot 235 \text{ cm}^3$

$\quad\quad\quad \approx 1\,860 \text{ g}$

$\quad\quad\quad = \mathbf{1{,}86\ kg}$

b) Der Körper setzt sich aus einem Zylinder ($V_{Zyl} = r^2\pi \cdot h$) und zwei Halbkugeln ($2 \cdot V_{Halbkugel} = \frac{4}{3}r^3\pi$) zusammen. Die Höhe h des Zylinders berechnet
sich aus der Differenz der Länge des gesamten Körpers und dem zweimaligen
Radius r der Halbkugeln, also $h = 1\,m - 2 \cdot 20\,cm = 60\,cm$.

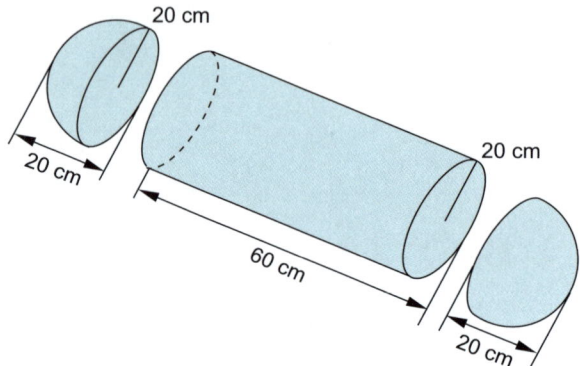

Demnach berechnet sich das Volumen des Körpers wie folgt:

$V = V_{Zyl} + 2 \cdot V_{Halbkugel}$

$\quad = (20\,cm)^2\,\pi \cdot 60\,cm + \frac{4}{3}(20\,cm)^3\,\pi$

$\quad = 24\,000\pi\,cm^3 + \frac{32\,000}{3}\pi\,cm^3$

$\quad = \frac{104\,000}{3}\pi\,cm^3$

$\quad \approx 109\,000\,cm^3$

$\quad = \mathbf{109\,dm^3}$

Die Massen berechnen sich mittels des vertrauten Zusammenhangs $\rho = \frac{m}{V}$
bzw. $m = \rho \cdot V$.

Eis: $m_{Eis} = 0,92\,\frac{g}{cm^3} \cdot V$

$\quad\quad \approx 0,92\,\frac{g}{cm^3} \cdot 109\,000\,cm^3$

$\quad\quad \approx 100\,000\,g$

$\quad\quad = \mathbf{100\,kg}$

Eisen: $m_{Eisen} = 7,9\,\frac{g}{cm^3} \cdot V$

$\quad\quad\quad \approx 7,9\,\frac{g}{cm^3} \cdot 109\,000\,cm^3$

$\quad\quad\quad \approx 861\,000\,g$

$\quad\quad\quad = \mathbf{861\,kg}$

c)

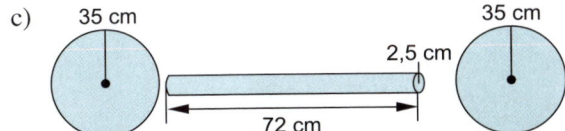

35 cm   35 cm

2,5 cm

72 cm

Der Körper setzt sich aus einem schmalen langen Zylinder ($V_{Zyl} = r^2 \pi \cdot h$) und zwei Kugeln ($V_{Kugel} = \frac{4}{3} r_{Kugel}{}^3 \pi$) zusammen, wobei die ebenen Zylinderenden nicht planar auf der Kugeloberfläche aufsetzen, diese Abweichung aber vernachlässigbar für das Gesamtvolumen bleibt. Die Radien des Zylinders und der Kugel sind als der halbe gegebene Durchmesser zu berechnen, also:

$r_{Zyl} = 2,5$ cm

$r_{Kugel} = 35$ cm

Demnach berechnet sich das Volumen des Körpers wie folgt:

$$V = V_{Zyl} + 2 \cdot V_{Kugel}$$

$$= (2,5 \text{ cm})^2 \pi \cdot 72 \text{ cm} + 2 \cdot \frac{4}{3} (35 \text{ cm})^3 \pi$$

$$= 450\pi \text{ cm}^3 + \frac{343\,000}{3} \pi \text{ cm}^3$$

$$= \frac{344\,350}{3} \pi \text{ cm}^3$$

$$\approx 361\,000 \text{ cm}^3$$

$$= \mathbf{361\,dm^3}$$

Die Massen berechnen sich mittels des vertrauten Zusammenhangs $\rho = \frac{m}{V}$ bzw. $m = \rho \cdot V$.

Eis: $m_{Eis} = 0,92 \frac{g}{cm^3} \cdot V$

$$\approx 0,92 \frac{g}{cm^3} \cdot 361\,000 \text{ cm}^3$$

$$\approx 332\,000 \text{ g}$$

$$= \mathbf{332\,kg}$$

Eisen: $m_{Eisen} = 7,9 \frac{g}{cm^3} \cdot V$

$$\approx 7,9 \frac{g}{cm^3} \cdot 361\,000 \text{ cm}^3$$

$$\approx 2\,850\,000 \text{ g}$$

$$= \mathbf{2,85\,t}$$

d)

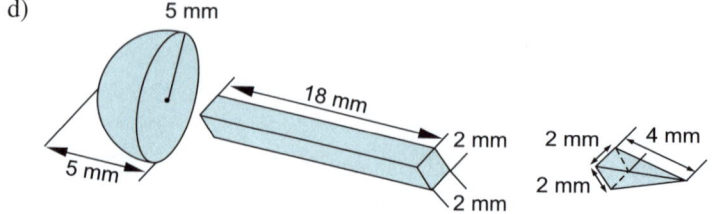

5 mm

18 mm

2 mm   2 mm   4 mm

5 mm   2 mm

2 mm

Der Körper setzt sich aus einer Halbkugel ($V_{\text{Halbkugel}} = \frac{1}{2} \cdot \frac{4}{3} r^3 \pi$),
einem Quader ($V_{\text{Quader}} = a \cdot b \cdot c$) und einer quadratischen Pyramide
($V_{\text{Pyramide}} = \frac{1}{3} a^2 \cdot h$) zusammen.

Demnach berechnet sich sein Volumen wie folgt:

$V = V_{\text{Halbkugel}} + V_{\text{Quader}} + V_{\text{Pyramide}}$

$\quad = \frac{1}{2} \cdot \frac{4}{3}(5 \text{ mm})^3 \pi + (2 \text{ mm})^2 \cdot 18 \text{ mm} + \frac{1}{3}(2 \text{ mm})^2 \cdot 4 \text{ mm}$

$\quad = \frac{250}{3} \pi \text{ mm}^3 + 72 \text{ mm}^3 + \frac{16}{3} \text{ mm}^3$

$\quad = \frac{250}{3} \pi \text{ mm}^3 + \frac{232}{3} \text{ mm}^3$

$\quad \approx 339 \text{ mm}^3$

$\quad = 0,339 \text{ cm}^3$

Die Massen berechnen sich mittels des vertrauten Zusammenhangs $\rho = \frac{m}{V}$
bzw. $m = \rho \cdot V$.

Eis: $m_{\text{Eis}} = 0,92 \frac{g}{\text{cm}^3} \cdot V$

$\qquad \approx 0,92 \frac{g}{\text{cm}^3} \cdot 0,339 \text{ cm}^3$

$\qquad \approx 0,312 \text{ g}$

$\qquad = \mathbf{312 \text{ mg}}$

Eisen: $m_{\text{Eisen}} = 7,9 \frac{g}{\text{cm}^3} \cdot V$

$\qquad \approx 7,9 \frac{g}{\text{cm}^3} \cdot 0,339 \text{ cm}^3$

$\qquad \approx \mathbf{2,68 \text{ g}}$

e) Der Körper ist eine Halbkugel

$(V_{Halbkugel} = \frac{1}{2} \cdot \frac{4}{3} r^3 \pi)$, aus der ein Kegel

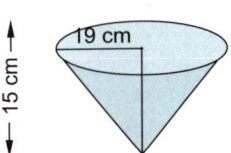

$(V_{Kegel} = \frac{1}{3} r^2 \pi \cdot h)$ herausgefräst wurde.

Die Radien des Kegels und der Kugel sind als der halbe Durchmesser zu berechnen:

$r_{Kegel} = r_{Kugel}$

$= \dfrac{38\,cm}{2}$

$= 19\,cm$

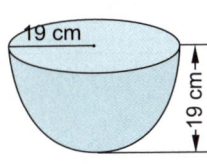

Demnach berechnet sich das Volumen des Körpers wie folgt:

$V = V_{Halbkugel} - V_{Kegel}$

$= \frac{1}{2} \cdot \frac{4}{3}(19\,cm)^3 \pi - \frac{1}{3}(19\,cm)^2 \pi \cdot 15\,cm$

$= \dfrac{13\,718}{3} \pi\,cm^3 - 1\,805 \pi\,cm^3$

$= \dfrac{8\,303}{3} \pi\,cm^3$

$\approx 8\,690\,cm^3$

Die Massen berechnen sich mittels des vertrauten Zusammenhangs $\rho = \frac{m}{V}$ bzw. $m = \rho \cdot V$.

Eis: $m_{Eis} = 0,92 \frac{g}{cm^3} \cdot V$

$\approx 0,92 \frac{g}{cm^3} \cdot 8\,690\,cm^3$

$\approx 7\,990\,g$

$= \mathbf{7,99\,kg}$

Eisen: $m_{Eisen} = 7,9 \frac{g}{cm^3} \cdot V$

$\approx 7,9 \frac{g}{cm^3} \cdot 8\,690\,cm^3$

$\approx 68\,700\,g$

$= \mathbf{68,7\,kg}$

40 Die Radien der Kugeln sind jeweils als halber Durchmesser $r = \frac{d}{2}$ gegeben, wobei die 2-mm- bis 6-mm-Kugeln jeweils doppelt benötigt werden.
Vom Gesamtvolumen der Kugeln muss noch das Gesamtvolumen der Bohrlöcher subtrahiert werden. Letzteres berechnet sich wie folgt:

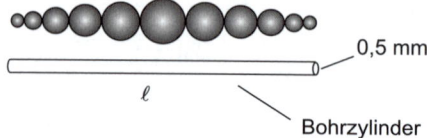

0,5 mm

ℓ

Bohrzylinder

$$V_{Bohr} = r^2 \pi \cdot \ell$$

$$= \left(\frac{0,5 \text{ mm}}{2}\right)^2 \pi \cdot (2 \cdot 2 \text{ mm} + 2 \cdot 3 \text{ mm} + 2 \cdot 4 \text{ mm}$$

$$+ 2 \cdot 5 \text{ mm} + 2 \cdot 6 \text{ mm} + 7 \text{ mm})$$

$$= \frac{1}{16} \pi \text{ mm}^2 \cdot 47 \text{ mm}$$

$$= \frac{47}{16} \pi \text{ mm}^3$$

$$\approx 9,228 \text{ mm}^3$$

Das Gesamtvolumen der Kugeln berechnet sich additiv mittels der Formel $V = \frac{4}{3} r^3 \pi$:

$$V_{Kugel} = 2 \cdot \left(\frac{4}{3} \left(\frac{2 \text{ mm}}{2}\right)^3 \pi + \frac{4}{3} \left(\frac{3 \text{ mm}}{2}\right)^3 \pi + \frac{4}{3} \left(\frac{4 \text{ mm}}{2}\right)^3 \pi \right.$$

$$\left. + \frac{4}{3} \left(\frac{5 \text{ mm}}{2}\right)^3 \pi + \frac{4}{3} \left(\frac{6 \text{ mm}}{2}\right)^3 \pi \right) + \frac{4}{3} \left(\frac{7 \text{ mm}}{2}\right)^3 \pi$$

$$= 2 \cdot \frac{4}{3} \pi ((1 \text{ mm})^3 + (1,5 \text{ mm})^3 + (2 \text{ mm})^3 + (2,5 \text{ mm})^3$$

$$+ (3 \text{ mm})^3) + \frac{4}{3} (3,5 \text{ mm})^3 \pi$$

$$= \frac{1223}{6} \pi \text{ mm}^3$$

$$\approx 640,36 \text{ mm}^3$$

Folglich gilt für das Volumen V der Kette:

$$V = V_{Kugel} - V_{Bohr}$$

$$\approx 640,36 \text{ mm}^3 - 9,228 \text{ mm}^3$$

$$\approx 631,1 \text{ mm}^3$$

$$= 0,6311 \text{ cm}^3$$

Mithilfe der angegebenen Dichte kann nun die Masse der Silberkette bestimmt werden.

$$m = \rho \cdot V$$
$$= 10{,}490\,\frac{g}{cm^3} \cdot 0{,}6311\,cm^3$$
$$\approx 6{,}6\,g$$

Die Silberkette wiegt etwa **6,6 g**.

41 a) Das Volumen der kugelförmigen Fischzuchtstation berechnet sich mit der Formel $V_{Kugel} = \frac{4}{3}\,r_{Kugel}^3\,\pi$, wobei der Radius r der halbe Durchmesser ist:

$$r = \frac{19\,m}{2}$$
$$= 9{,}5\,m$$

$$\Rightarrow \quad V_{Kugel} = \frac{4}{3}(9{,}5\,m)^3\,\pi$$
$$= \frac{6\,859}{6}\,\pi\,m^3$$
$$\approx \mathbf{3\,590\,m^3}$$

b) Zum Vergleich berechnet man aus der Volumenformel für den Zylinder $V_{Zyl} = r_{Zyl}^2\,\pi \cdot h$ den Radius des volumengleichen Weihers.

$$V_{Zyl} = r_{Zyl}^2\,\pi \cdot h$$

$$r_{Zyl}^2 = \frac{V_{Zyl}}{\pi \cdot h}$$

$$\Rightarrow \quad r_{Zyl} = \sqrt{\frac{V_{Zyl}}{\pi \cdot h}}$$

$$= \sqrt{\frac{V_{Kugel}}{\pi \cdot 1{,}5\,m}}$$

$$= \sqrt{\frac{\frac{6\,859}{6}\,\pi\,m^3}{\pi \cdot 1{,}5\,m}}$$

$$= \sqrt{\frac{6\,859}{9}\,m^2}$$

$$= \frac{19\sqrt{19}}{3}\,m$$

$$\approx 27{,}6\,m$$

Der Durchmesser eines vergleichbaren Fischweihers beträgt etwa $2 \cdot 27{,}6\,m = \mathbf{55{,}2\,m}$.

42 a) Hinweise und Tipps:

Hier ist Vorsicht geboten, denn eine Verdreifachung des Volumens bedeutet natürlich nicht, dass sich der Durchmesser verdreifacht.

Am übersichtlichsten ist eine Gegenüberstellung der beiden Situationen. Der Radius r wird durch das Umformen der Volumenformel bestimmt.

	alt	neu
Volumen	V	$V' = 3V$
Radius	$V = \frac{4}{3}r^3\pi$ $r^3 = V \cdot \frac{3}{4\pi}$ $r = \sqrt[3]{V \cdot \frac{3}{4\pi}}$	$r' = \sqrt[3]{V' \cdot \frac{3}{4\pi}}$ $= \sqrt[3]{3V \cdot \frac{3}{4\pi}}$ $= \sqrt[3]{3} \cdot \sqrt[3]{V \cdot \frac{3}{4\pi}}$ $= \sqrt[3]{3} \cdot r$

Der Radius vergrößert sich also um das $\sqrt[3]{3}$-Fache. Da der Durchmesser die zweifache Radiuslänge ist (direkte Proportionalität), folgt, dass sich auch der Durchmesser um das $\sqrt[3]{3}$**-Fache** vergrößert.

b) Gegenüberstellung:

	alt	neu
Volumen	V	$V' = \frac{1}{2}V$
Radius	$V = \frac{4}{3}r^3\pi$ $r^3 = V \cdot \frac{3}{4\pi}$ $r = \sqrt[3]{V \cdot \frac{3}{4\pi}}$	$r' = \sqrt[3]{V' \cdot \frac{3}{4\pi}}$ $= \sqrt[3]{\frac{1}{2}V \cdot \frac{3}{4\pi}}$ $= \sqrt[3]{\frac{1}{2}} \cdot \sqrt[3]{V \cdot \frac{3}{4\pi}}$ $= \frac{1}{\sqrt[3]{2}} \cdot r$ $= \frac{1}{2^{\frac{1}{3}}} \cdot r$ $= \frac{2^{\frac{2}{3}}}{2^{\frac{1}{3}} \cdot 2^{\frac{2}{3}}} \cdot r$ $= \frac{2^{\frac{2}{3}}}{2} \cdot r$ $= \frac{\sqrt[3]{4}}{2} \cdot r$

Der Radius verkleinert sich also um das $\frac{\sqrt[3]{4}}{2}$-Fache (Näherung $\frac{\sqrt[3]{4}}{2} \approx 0{,}79$). Da der Durchmesser die zweifache Radiuslänge ist (direkte Proportionalität), folgt, dass sich auch der Durchmesser um das $\frac{\sqrt[3]{4}}{2}$**-Fache** verkleinert.

43   Hinweise und Tipps:
Berechne zuerst über das Volumen der Hohlraumkugel den Radius der inneren Kugel. Die Wandstärke ergibt sich aus der Differenz des äußeren und
des inneren Radius.

Wandstärke w

Radius innen
$r - w$

Radius außen
r

Die gegebenen Größen schreibt man am
besten in einer Einheit, die für das Rechnen verwertbar sind:

Radius: $r_{außen} = \frac{1}{2} \cdot 2\ \text{m}$

$= 100\ \text{cm}$

Masse: $m = 160\ \text{kg}$
$= 160\,000\ \text{g}$

Für das Volumen der Hohlraumkugel gilt wegen der maximalen Masse von
160 kg:

$\rho = \frac{m}{V_{\text{Hohlmantelkugel}}} \quad \Rightarrow \quad V_{\text{Hohlmantelkugel}} = \frac{m}{\rho}$

$= \frac{160\,000\ \text{g}}{2{,}7\ \frac{\text{g}}{\text{cm}^3}}$

$\approx 59\,260\ \text{cm}^3$

Da sich das Volumen der Hohlmantelkugel aus der Differenz des Volumens
zweier Kugeln berechnen lässt, muss gelten:

$V_{\text{Hohlmantelkugel}} = V_{\text{Außenkugel}} - V_{\text{Innenkugel}}$

$59\,260\ \text{cm}^3 = \frac{4}{3} r_{außen}^3 \pi - \frac{4}{3} r_{innen}^3 \pi$

$59\,260\ \text{cm}^3 = \frac{4}{3} (100\ \text{cm})^3 \pi - \frac{4}{3} r_{innen}^3 \pi$

Nach dem Einsetzen bleibt der Innenradius r_{innen} die einzige unbekannte Größe
und kann somit bestimmt werden.

$59\,260\ \text{cm}^3 = \frac{4}{3} (100\ \text{cm})^3 \pi - \frac{4}{3} r_{innen}^3 \pi$ | ausklammern

$59\,260\ \text{cm}^3 = \frac{4\pi}{3} (1\,000\,000\ \text{cm}^3 - r_{innen}^3)$ | $\cdot \frac{3}{4\pi}$

$59\,260\ \text{cm}^3 \cdot \frac{3}{4\pi} = 1\,000\,000\ \text{cm}^3 - r_{innen}^3$

$r_{innen}^3 = 1\,000\,000\ \text{cm}^3 - 59\,260\ \text{cm}^3 \cdot \frac{3}{4\pi} \approx 985\,850\ \text{cm}^3$

$r_{innen} = \sqrt[3]{985\,850\ \text{cm}^3} \approx 99{,}53\ \text{cm}$

Die Wandstärke w ergibt sich aus der Differenz der Radien der äußeren Kugel und der inneren Kugel:

$$w = r_{außen} - r_{innen}$$
$$= 100 \text{ cm} - 99{,}53 \text{ cm}$$
$$= 0{,}47 \text{ cm}$$
$$= 4{,}7 \text{ mm}$$

Die Wandstärke der Kugel darf höchstens **4,7 mm** betragen, damit die Masse von 160 kg nicht überschritten wird.

44 Die Höhe der Kugel ist gleichzeitig der Durchmesser und folglich beträgt der Radius:

$$r = \frac{45 \text{ m}}{2}$$
$$= 22{,}5 \text{ m}$$

Diesen Radius setzt man in die Formel $O = 4r^2\pi$ ein:

$$O = 4r^2\pi$$
$$= 4 \cdot (22{,}5 \text{ m})^2 \pi$$
$$= 2\,025\pi \text{ m}^2$$
$$\approx 6\,362 \text{ m}^2$$
$$\approx 63{,}6 \text{ a}$$

Die Oberfläche beträgt rund **63,6 a**.

45 a) Der vorliegende Körper setzt sich aus einer Halbkugel und einem Zylinder zusammen, wobei die Nahtstelle die kreisförmige Grundfläche des Zylinders ist. Für die Oberfläche müssen mehrere Teilflächen summiert werden:

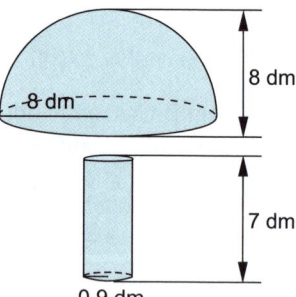

8 dm

8 dm

7 dm

0,9 dm

1. halbe Kugeloberfläche:
$$\frac{1}{2} \cdot 4r_{Kugel}^2 \pi = \frac{1}{2} \cdot 4 \cdot (8 \text{ dm})^2 \pi$$
$$= 128\pi \text{ dm}^2$$

2. Mantelfläche des Zylinders:
$$U_{Zyl} \cdot h = 2r_{Zyl}\pi \cdot h$$
$$= 2 \cdot 9 \text{ cm} \cdot \pi \cdot (15 \text{ dm} - 8 \text{ dm})$$
$$= 2 \cdot 0{,}9 \text{ dm} \cdot \pi \cdot 7 \text{ dm}$$
$$= 12{,}6\pi \text{ dm}^2$$

3. Kreisring der Halbkugel mit Grundfläche des Zylinders, die nahtlos aneinanderpassen:

$$r_{Kugel}^2 \pi = (8 \text{ dm})^2 \pi$$
$$= 64\pi \text{ dm}^2$$

Für die Oberfläche des gesamten Körpers gilt daher:

$$O = 128\pi \text{ dm}^2 + 12,6\pi \text{ dm}^2 + 64\pi \text{ dm}^2$$
$$= 204,6\pi \text{ dm}^2$$
$$\approx 643 \text{ dm}^2$$
$$\mathbf{= 6,43 \text{ m}^2}$$

b) Der vorliegende Körper setzt sich aus einer herausgefrästen Halbkugel und einem Zylinder zusammen. Für die Oberfläche müssen mehrere Teilflächen summiert werden:

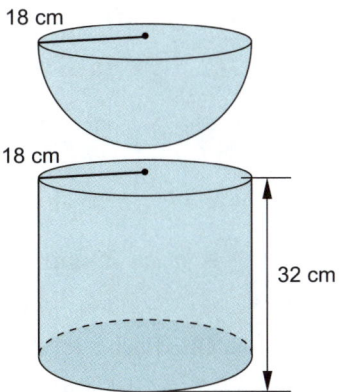

18 cm

1. halbe Kugeloberfläche:

$$\frac{1}{2} \cdot 4r_{Kugel}^2 \pi = \frac{1}{2} \cdot 4 \cdot (18 \text{ cm})^2 \pi$$
$$= 648\pi \text{ cm}^2$$

2. Mantelfläche des Zylinders:

$$U_{Zyl} \cdot h = 2r_{Zyl}\pi \cdot h$$
$$= 2 \cdot 18 \text{ cm} \cdot \pi \cdot 32 \text{ cm}$$
$$= 1152\pi \text{ cm}^2$$

32 cm

3. Grundfläche des Zylinders:

$$r_{Zyl}^2 \pi = (18 \text{ cm})^2 \pi$$
$$= 324\pi \text{ dm}^2$$

Für die Oberfläche des gesamten Körpers gilt daher:

$$O = 648\pi \text{ cm}^2 + 1152\pi \text{ cm}^2 + 324\pi \text{ cm}^2$$
$$= 2124\pi \text{ cm}^2$$
$$\approx 6673 \text{ cm}^2$$
$$\mathbf{\approx 66,7 \text{ dm}^2}$$

c) Dieser Körper setzt sich aus einer Halbkugel und einem Kegel zusammen, wobei die Nahtstelle die kreisförmige Grundfläche des Kegels ist. Für die Oberfläche müssen mehrere Teilflächen summiert werden:

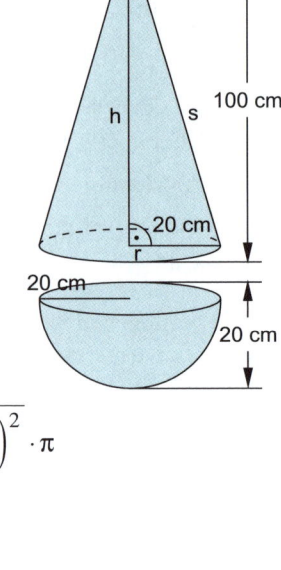

1. halbe Kugeloberfläche:

$$\frac{1}{2} \cdot 4 r_{Kugel}^2 \pi = \frac{1}{2} \cdot 4 \cdot \left(\frac{40\ cm}{2}\right)^2 \pi$$
$$= 2 \cdot (20\ cm)^2 \pi$$
$$= 800\pi\ cm^2$$

2. Mantelfläche des Kegels:
Die Mantellinie wird mit s bezeichnet.

$$r_{Kegel} \cdot s \cdot \pi = r_{Kegel} \cdot \sqrt{h_{Kegel}^2 + r_{Kegel}^2} \cdot \pi$$
$$= \frac{40\ cm}{2} \cdot \sqrt{\left(100\ cm - \frac{40\ cm}{2}\right)^2 + \left(\frac{40\ cm}{2}\right)^2} \cdot \pi$$
$$= 20\ cm \cdot \sqrt{(80\ cm)^2 + (20\ cm)^2} \cdot \pi$$
$$= 20\ cm \cdot \sqrt{6\,800\ cm^2} \cdot \pi$$
$$= 400\sqrt{17}\pi\ cm^2$$

Für die Oberfläche des gesamten Körpers gilt daher:

$$O = 800\pi\ cm^2 + 400\sqrt{17}\pi\ cm^2$$
$$\approx 7\,695\ cm^2$$
$$= \mathbf{77{,}0\ dm^2}$$

d) Der Körper setzt sich aus einer Halbkugel und einem Quader zusammen, wobei die Halbkugel auf den Quader gesetzt ist. Für die Oberfläche müssen mehrere Teilflächen summiert werden:

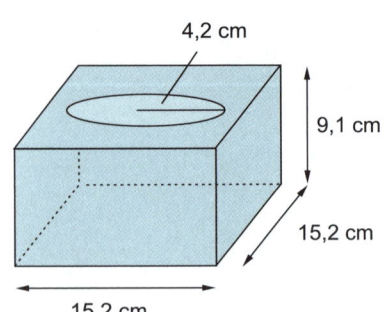

1. halbe Kugeloberfläche:

$$\frac{1}{2} \cdot 4 r^2 \pi = \frac{1}{2} \cdot 4 \cdot \left(\frac{8{,}4\ cm}{2}\right)^2 \pi$$
$$= \frac{1}{2} \cdot 4 \cdot (4{,}2\ cm)^2 \pi$$
$$= \frac{882}{25} \pi\ cm^2$$

2. Quaderoberfläche mit kreisförmigem „Loch"

$2 \cdot (15,2 \, \text{cm} \cdot 9,1 \, \text{cm} + 15,2 \, \text{cm} \cdot 9,1 \, \text{cm} + (15,2 \, \text{cm})^2) - (4,2 \, \text{cm})^2 \pi$

$= \frac{25\,384}{25} \, \text{cm}^2 - \frac{441}{25} \pi \, \text{cm}^2$

Für die Oberfläche des gesamten Körpers gilt daher:

$O = \frac{882}{25} \pi \, \text{cm}^2 + \frac{25\,384}{25} \, \text{cm}^2 - \frac{441}{25} \pi \, \text{cm}^2$

$\quad = \frac{441}{25} \pi \, \text{cm}^2 + \frac{25\,384}{25} \, \text{cm}^2$

$\quad \approx 1\,071 \, \text{cm}^2$

$\quad \approx \mathbf{10,7 \, dm^2}$

46 Berechnet man den Radius der Kugel, dann lässt sich daraus unmittelbar auf den doppelt so großen Durchmesser bzw. auf die Höhe des Kunstwerkes schließen. Die Formel für die Oberfläche einer Kugel $O = 4r^2\pi$ muss also nach dem Radius aufgelöst werden:

$O = 4r^2\pi$

$r^2 = \frac{O}{4\pi}$

$r = \sqrt{\frac{O}{4\pi}}$

$r = \frac{1}{2\pi}\sqrt{O \cdot \pi}$

Der gegebene Oberflächeninhalt kann nun eingesetzt werden:

$r = \frac{1}{2\pi}\sqrt{O \cdot \pi}$

$\quad = \frac{1}{2\pi}\sqrt{50 \, \text{m}^2 \cdot \pi}$

$\quad = \frac{5}{2\pi}\sqrt{2\pi} \, \text{m}$

$\quad \approx 2,0 \, \text{m}$

Das Kunstwerk „Angehaltene Bewegung (Kugel)" hat eine Höhe von etwa **4 m**.

47 Zunächst berechnet man die Oberfläche eines einzelnen Tennisballs:

$O = 4r^2\pi$

$\quad = 4 \cdot \left(\frac{6,51 \, \text{cm}}{2}\right)^2 \pi$

$\quad = 42,3801\pi \, \text{cm}^2$

$\quad \approx 133,14 \, \text{cm}^2$

Für die Fläche des Fußballfeldes gilt:

$A = 105 \, \text{m} \cdot 75,3 \, \text{m} = 7\,906,5 \, \text{m}^2 = 79\,065\,000 \, \text{cm}^2$

Damit folgt für die Anzahl der benötigten Bälle:
$79\,065\,000\ \text{cm}^2 : 133{,}14\ \text{cm}^2 \approx 594\,000$
Es wären etwa **594 000** Tennisbälle erforderlich.

48 a) Am übersichtlichsten ist eine Gegenüberstellung der beiden Situationen:

	alt	neu
Radius	r	$r' = 4 \cdot r$
Oberfläche	$O = 4r^2\pi$	$\begin{aligned} O' &= 4(r')^2\pi \\ &= 4 \cdot (4 \cdot r)^2\pi \\ &= 4 \cdot 4^2 \cdot r^2\pi \\ &= 16 \cdot 4r^2\pi \\ &= 16 \cdot O \end{aligned}$

Die Oberfläche vergrößert sich also um das **16-Fache**.

b) Am übersichtlichsten ist eine Gegenüberstellung der beiden Situationen. Der Radius r wird durch das Umformen der Umfangsformel bestimmt und anschließend in die Oberflächenformel eingesetzt.

	alt	neu
Umfang	U	$U' = \frac{1}{3}U$
Radius	$\begin{aligned} U &= 2r\pi \\[4pt] r &= \frac{U}{2\pi} \end{aligned}$	$\begin{aligned} r' &= \frac{U'}{2\pi} \\[4pt] &= \frac{\frac{1}{3}U}{2\pi} \\[4pt] &= \frac{1}{3} \cdot \frac{U}{2\pi} \\[4pt] &= \frac{1}{3} \cdot r \end{aligned}$
Oberfläche	$O = 4r^2\pi$	$\begin{aligned} O' &= 4(r')^2\pi \\ &= 4 \cdot \left(\tfrac{1}{3}r\right)^2\pi \\ &= 4 \cdot \left(\tfrac{1}{3}\right)^2 \cdot r^2\pi \\ &= \tfrac{1}{9} \cdot 4r^2\pi \\ &= \tfrac{1}{9} \cdot O \end{aligned}$

Die Oberfläche verkleinert sich also um das $\frac{1}{9}$ **- Fache**.

c) Am übersichtlichsten ist eine Gegenüberstellung der beiden Situationen. Der Radius r wird durch das Umformen der Volumenformel bestimmt und anschließend in die Oberflächenformel eingesetzt.

	alt	neu
Volumen	V	$V' = \frac{1}{2}V$
Radius	$V = \frac{4}{3}r^3\pi$ $r^3 = V \cdot \frac{3}{4\pi}$ $r = \sqrt[3]{V \cdot \frac{3}{4\pi}}$	$r' = \sqrt[3]{V' \cdot \frac{3}{4\pi}}$ $= \sqrt[3]{\frac{1}{2}V \cdot \frac{3}{4\pi}}$ $= \sqrt[3]{\frac{1}{2}} \cdot \sqrt[3]{V \cdot \frac{3}{4\pi}}$ $= \frac{1}{\sqrt[3]{2}} \cdot r$ $= \frac{2^{\frac{2}{3}}}{2^{\frac{1}{3}} \cdot 2^{\frac{2}{3}}} \cdot r$ $= \frac{2^{\frac{2}{3}}}{2} \cdot r$ $= \frac{1}{2}\sqrt[3]{2^2} \cdot r$ $= \frac{1}{2} \cdot \sqrt[3]{4} \cdot r$
Oberfläche	$O = 4r^2\pi$	$O' = 4(r')^2\pi$ $= 4 \cdot \left(\frac{1}{2} \cdot \sqrt[3]{4} \cdot r\right)^2 \pi$ $= 4 \cdot \left(\frac{1}{2} \cdot \sqrt[3]{4}\right)^2 \cdot r^2\pi$ $= \left(\frac{1}{2} \cdot \sqrt[3]{4}\right)^2 \cdot 4r^2\pi$ $= \frac{1}{4} \cdot \sqrt[3]{4^2} \cdot O$ $= \frac{1}{4} \cdot \sqrt[3]{2^4} \cdot O$ $= \frac{1}{4} \cdot 2\sqrt[3]{2} \cdot O$ $= \frac{1}{2} \cdot \sqrt[3]{2} \cdot O$

Die Oberfläche verkleinert sich also um das $\frac{1}{2}\sqrt[3]{2}$ - **Fache.**

49 Für die Lösung der Aufgabe müssen die Volumenformel und die Oberflächenformel einer Kugel benutzt, nach dem Radius r aufgelöst und gegebenenfalls ineinander eingesetzt werden.
Vorweg werden deswegen die Formeln allgemein behandelt:

$$V = \frac{4}{3}r^3\pi$$

$$r^3 = \frac{3 \cdot V}{4\pi}$$

$$\Rightarrow \quad r = \sqrt[3]{\frac{3 \cdot V}{4\pi}}$$

$$= \frac{1}{4\pi}\sqrt[3]{3 \cdot V \cdot 4\pi \cdot 4\pi}$$

$$= \frac{2}{4\pi}\sqrt[3]{3 \cdot V \cdot 2\pi \cdot \pi}$$

$$= \frac{1}{2\pi}\sqrt[3]{6 \cdot V \cdot \pi^2}$$

$$O = 4r^2\pi$$

$$r^2 = \frac{O}{4\pi}$$

$$\Rightarrow \quad r = \sqrt{\frac{O}{4\pi}}$$

$$= \frac{1}{2\pi}\sqrt{O \cdot \pi}$$

In diese Formeln können die gegebenen Werte eingesetzt werden.

Zusammenfassendes Ergebnis:

	V	O	r
a)	1 mm³	**4,8 mm²**	**0,62 mm**
b)	**0,27 cm³**	2 cm²	**0,40 cm**
c)	**113 dm³**	**1,1 m²**	3 dm
d)	**752 m³**	4 a	**5,6 m**
e)	5 km³	**14 km²**	**1,1 km**

Rechenwege:

a) $r = \frac{1}{2\pi} \cdot \sqrt[3]{6 \cdot V \cdot \pi^2}$

$\quad = \frac{1}{2\pi} \cdot \sqrt[3]{6 \cdot 1 \text{ mm}^3 \pi^2}$

$\quad = \frac{1}{2\pi}\sqrt[3]{6\pi^2} \text{ mm}$

$\quad \approx \textbf{0,62 mm}$

$O = 4r^2\pi$

$$= 4 \cdot \left(\tfrac{1}{2\pi} \sqrt[3]{6\pi^2} \text{ mm} \right)^2 \cdot \pi$$

$$= 4 \cdot \tfrac{1}{4\pi^2} \sqrt[3]{36\pi^4} \text{ mm}^2 \cdot \pi$$

$$= \tfrac{1}{\pi} \sqrt[3]{\pi^3 \cdot 36\pi} \text{ mm}^2$$

$$= \tfrac{1}{\pi} \cdot \pi \cdot \sqrt[3]{36\pi} \text{ mm}^2$$

$$= \sqrt[3]{36\pi} \text{ mm}^2$$

$$\approx \mathbf{4{,}8 \text{ mm}^2}$$

b) $r = \tfrac{1}{2\pi} \cdot \sqrt{O \cdot \pi}$

$$= \tfrac{1}{2\pi} \cdot \sqrt{2 \text{ cm}^2 \cdot \pi}$$

$$= \tfrac{1}{2\pi} \sqrt{2\pi} \text{ cm}$$

$$\approx \mathbf{0{,}40 \text{ cm}}$$

$V = \tfrac{4}{3} r^3 \pi$

$$= \tfrac{4}{3} \left(\tfrac{1}{2\pi} \sqrt{2\pi} \text{ cm} \right)^3 \cdot \pi$$

$$= \tfrac{4}{3} \cdot \tfrac{1}{8\pi^3} \cdot 2\pi \cdot \sqrt{2\pi} \text{ cm}^3 \cdot \pi$$

$$= \tfrac{1}{3\pi} \sqrt{2\pi} \text{ cm}^3$$

$$\approx \mathbf{0{,}27 \text{ cm}^3}$$

c) $V = \tfrac{4}{3} r^3 \pi$

$$= \tfrac{4}{3} (3 \text{ dm})^3 \pi$$

$$= 36\pi \text{ dm}^3$$

$$\approx \mathbf{113 \text{ dm}^3}$$

$O = 4r^2\pi$

$$= 4 \cdot (3 \text{ dm})^2 \pi$$

$$= 36\pi \text{ dm}^2$$

$$\approx 113 \text{ dm}^2$$

$$= \mathbf{1{,}1 \text{ m}^2}$$

d) $r = \frac{1}{2\pi} \cdot \sqrt{O \cdot \pi}$

$\quad = \frac{1}{2\pi} \cdot \sqrt{4a \cdot \pi}$

$\quad = \frac{1}{2\pi} \sqrt{400 \text{ m}^2 \cdot \pi}$

$\quad = \frac{1}{2\pi} \cdot 20\sqrt{\pi} \text{ m}$

$\quad = \frac{10}{\pi} \cdot \sqrt{\pi} \text{ m}$

$\quad \approx \mathbf{5{,}6 \text{ m}}$

$V = \frac{4}{3} r^3 \pi$

$\quad = \frac{4}{3} \left(\frac{10}{\pi} \sqrt{\pi} \text{ m} \right)^3 \cdot \pi$

$\quad = \frac{4}{3} \cdot \frac{1\,000}{\pi^3} \pi\sqrt{\pi} \text{ m}^3 \cdot \pi$

$\quad = \frac{4\,000}{3\pi} \sqrt{\pi} \text{ m}^3$

$\quad \approx \mathbf{752 \text{ m}^3}$

e) $r = \frac{1}{2\pi} \cdot \sqrt[3]{6 \cdot V \cdot \pi^2}$

$\quad = \frac{1}{2\pi} \cdot \sqrt[3]{6 \cdot 5 \text{ km}^3 \cdot \pi^2}$

$\quad = \frac{1}{2\pi} \sqrt[3]{30\pi^2} \text{ km}$

$\quad \approx \mathbf{1{,}1 \text{ km}}$

$O = 4r^2\pi$

$\quad = 4 \cdot \left(\frac{1}{2\pi} \cdot \sqrt[3]{30\pi^2} \text{ km} \right)^2 \cdot \pi$

$\quad = 4 \cdot \frac{1}{4\pi^2} \cdot \sqrt[3]{900\pi^4} \text{ km}^2 \cdot \pi$

$\quad = \frac{1}{\pi} \cdot \sqrt[3]{\pi^3 \cdot 900\pi} \text{ km}^2$

$\quad = \frac{1}{\pi} \cdot \pi \cdot \sqrt[3]{900\pi} \text{ km}^2$

$\quad = \sqrt[3]{900\pi} \text{ km}^2$

$\quad \approx \mathbf{14 \text{ km}^2}$

50 a) Für die Heftfläche gilt:
$$A_{\text{Heft}} = 16 \cdot 21\,\text{cm} \cdot 29,7\,\text{cm}$$
$$= 9\,979,2\,\text{cm}^2$$
$$\approx 10\,000\,\text{cm}^2$$
$$= 1\,\text{m}^2$$

b) Da die Heftfläche gleich der Kugeloberfläche sein muss, kann der gesuchte Durchmesser bzw. Radius aus der Oberflächenformel der Kugel berechnet werden.

$$A_{\text{Heft}} = O = 1\,\text{m}^2$$
$$r^2 = \frac{O}{4\pi}$$
$$r = \sqrt{\frac{O}{4\pi}}$$
$$r = \frac{1}{2\pi}\sqrt{O \cdot \pi}$$

Nach Einsetzen der gegebenen Größe erhält man:

$$r = \frac{1}{2\pi}\sqrt{1\,\text{m}^2\pi}$$
$$\approx 0,282\,\text{m}$$
$$= 28,2\,\text{cm}$$

Für den Kugeldurchmesser d der Papierkugel des Schülers müsste also gelten:

$$d = 2 \cdot r$$
$$= 2 \cdot 28,2\,\text{cm}$$
$$\mathbf{= 56,4\,cm}$$

51 Aus dem Quader wurde eine Halbkugel ausgeschnitten.
Berechnung des Volumens V:

$$V = V_{\text{Quader}} - V_{\text{Halbkugel}}$$
$$= a \cdot b \cdot c - \frac{1}{2} \cdot \frac{4}{3} r^3 \pi$$

Die gegebenen Längen müssen nur noch eingesetzt werden:

$$V = 14\,\text{cm} \cdot 14\,\text{cm} \cdot 8\,\text{cm}$$
$$- \frac{1}{2} \cdot \frac{4}{3}(6\,\text{cm})^3 \pi$$
$$= 1\,568\,\text{cm}^3 - 144\pi\,\text{cm}^3$$
$$\approx 1\,116\,\text{cm}^3$$
$$\mathbf{= 1,116\,dm^3}$$

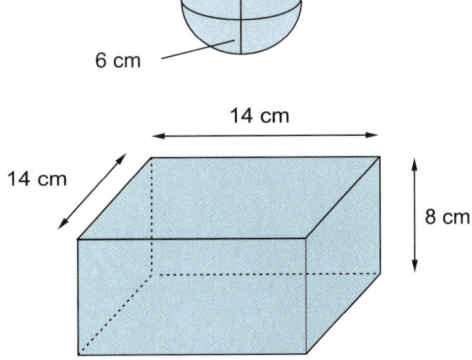

Berechnung der Oberfläche O des zusammengesetzten Körpers:

$$O = O_{\text{Halbkugel}} + O_{\text{Quader}} - A_{\text{Kreis}}$$

$$= \tfrac{1}{2} \cdot 4r^2\pi + 2 \cdot (ab + ac + bc) - r^2\pi$$

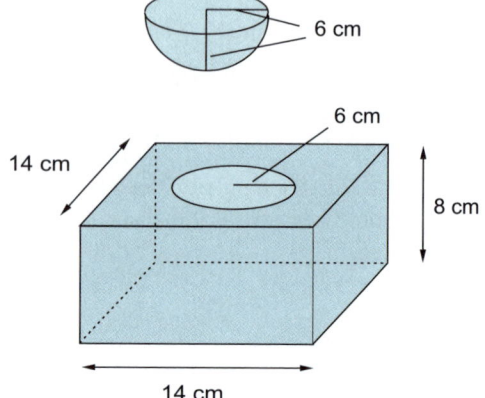

Auch hier können die gegebenen Längen unmittelbar eingesetzt werden:

$$O = \tfrac{1}{2} \cdot 4 \cdot (6 \text{ cm})^2 \pi + 2 \cdot ((14 \text{ cm})^2$$

$$+ 14 \text{ cm} \cdot 8 \text{ cm} + 14 \text{ cm} \cdot 8 \text{ cm})$$

$$- (6 \text{ cm})^2 \pi$$

$$= 72\pi \text{ cm}^2 + 840 \text{ cm}^2 - 36\pi \text{ cm}^2$$

$$= 36\pi \text{ cm}^2 + 840 \text{ cm}^2$$

$$\approx 953 \text{ cm}^2$$

$$= \mathbf{9{,}53 \ dm^2}$$

Ihre Anregungen sind uns wichtig!

Liebe Kundin, lieber Kunde,

der STARK Verlag hat das Ziel, Sie effektiv beim Lernen zu unterstützen. In welchem Maße uns dies gelingt, wissen Sie am besten. Deshalb bitten wir Sie, uns Ihre Meinung zu den STARK-Produkten in dieser Umfrage mitzuteilen.

Unter *www.stark-verlag.de/ihremeinung* finden Sie ein Online-Formular. Einfach ausfüllen und Ihre Verbesserungsvorschläge an uns abschicken. Wir freuen uns auf Ihre Anregungen.

www.stark-verlag.de/ihremeinung

Richtig lernen, bessere Noten

7 Tipps wie's geht

1. **15 Minuten geistige Aufwärmzeit** Lernforscher haben beobachtet: Das Gehirn braucht ca. eine Viertelstunde, bis es voll leistungsfähig ist. Beginne daher mit den leichteren Aufgaben bzw. denen, die mehr Spaß machen.

2. **Ähnliches voneinander trennen** Ähnliche Lerninhalte, wie zum Beispiel Vokabeln, sollte man mit genügend zeitlichem Abstand zueinander lernen. Das Gehirn kann Informationen sonst nicht mehr klar trennen und verwechselt sie. Wissenschaftler nennen diese Erscheinung „Ähnlichkeitshemmung".

3. **Vorübergehend nicht erreichbar** Größter potenzieller Störfaktor beim Lernen: das Smartphone. Es blinkt, vibriert, klingelt – sprich: es braucht Aufmerksamkeit. Wer sich nicht in Versuchung führen lassen möchte, schaltet das Handy beim Lernen einfach aus.

4. **Angenehmes mit Nützlichem verbinden** Wer englische bzw. amerikanische Serien oder Filme im Original-Ton anschaut, trainiert sein Hörverstehen und erweitert gleichzeitig seinen Wortschatz. Zusatztipp: Englische Untertitel helfen beim Verstehen.

5. **In kleinen Portionen lernen** Die Konzentrationsfähigkeit des Gehirns ist begrenzt. Kürzere Lerneinheiten von max. 30 Minuten sind ideal. Nach jeder Portion ist eine kleine Verdauungspause sinnvoll.

6. **Fortschritte sichtbar machen** Ein Lernplan mit mehreren Etappenzielen hilft dabei, Fortschritte und Erfolge auch optisch sichtbar zu machen. Kleine Belohnungen beim Erreichen eines Ziels motivieren zusätzlich.

7. **Lernen ist Typsache** Die einen lernen eher durch Zuhören, die anderen visuell, motorisch oder kommunikativ. Wer seinen Lerntyp kennt, kann das Lernen daran anpassen und erzielt so bessere Ergebnisse.